ro
ro
ro

Was treibt einen jungen Studenten dazu, sich der theoretischen Physik zuzuwenden und hier gleich der Frage aller Fragen: nach dem Stoff, aus dem die Welt besteht? Der Frage, woraus Raum und Zeit gemacht sind? Der Frage, ob es «Zeit» überhaupt gibt? In diesem Buch erzählt uns der weltberühmte Physiker, wie er während seines Studiums in den USA auf dieses eigene Thema gekommen ist, wie wichtig persönliche Begegnungen und Freundschaften mit herausragenden Forschern (John Wheeler, Roger Penrose, Richard Feynman) für den oft intuitiven Prozess gewesen sind, die Brücke zwischen Einsteins Gravitationstheorie und der Quantentheorie zu schlagen. Es ist das bislang persönlichste Buch Rovellis: moderne Kosmologie, eingepackt in eine Art autobiographisches Roadmovie darüber, wie ein Grundlagenforscher zu seinen Ideen kommt, in denen die Zeit, wie wir sie kennen, keine wichtige Rolle mehr spielt.

Carlo Rovelli, geboren 1956 in Verona, ist Professor für Physik an der Universität Marseille. Zuvor forschte und lehrte er unter anderem am Imperial College London, den Universitäten Rom, Yale, dell'Aquila und Pittsburgh. Zusammen mit Lee Smolin entwickelte er die Theorie der Schleifenquantengravitation, die international als verheißungsvollste Theorie zur Vereinigung von Einsteins Gravitationstheorie und der Quantentheorie gilt.

Carlo Rovelli

UND WENN ES DIE ZEIT NICHT GÄBE?

Meine Suche nach den Grundlagen des Universums

Aus dem Französischen
von Monika Niehaus

Rowohlt Taschenbuch Verlag

Die französische Ausgabe erschien 2014 (2. Auflage) unter dem Titel *Et si le temps n'existait pas?* bei DUNOD ÉDITEUR, Malakoff. Diese Übersetzung folgt der von Élisa Brune überarbeiteten französischen Ausgabe. Die italienische Originalausgabe erschien 2004 unter dem Titel *Che cos'è il tempo? Che cos'è lo spazio?* bei Di Renzo.

2. Auflage März 2019
Deutsche Erstausgabe
Veröffentlicht im Rowohlt Taschenbuch Verlag,
Reinbek bei Hamburg, Juni 2018

Lektorat Frank Strickstrock
Fachlektorat Bernd Schuh
Umschlaggestaltung Anzinger und Rasp, München
Umschlagabbildung Frank Ramspott / Getty Images
Typografie Farnschläder & Mahlstedt, Hamburg
Satz aus der Albertina
Druck und Bindung CPI books GmbH, Leck, Germany
ISBN 978 3 499 63388 1

INHALT

VORWORT

Carlo Rovelli ist theoretischer Physiker und zählt zu den Begründern der Theorie der Schleifenquantengravitation, ein mathematisch ausgesprochen schwieriges Thema. Dennoch – als ich ihn bei einer interdisziplinären Zusammenkunft traf und ihm zuhörte, erzählte er so verständlich von seiner Arbeit, dass ihm ein Fünfzehnjähriger Schritt für Schritt hätte folgen können. Und er sprach mit so viel Begeisterung, dass der junge Zuhörer sicherlich hätte wissen wollen, wie er selbst Physiker werden könnte.

Carlo Rovelli arbeitet wissenschaftlich an vorderster Front, doch seine Forschung ist für ihn kein Selbstzweck. Die Probleme, die er lösen möchte, verliert er nicht aus dem Auge. Das macht ihn zu einem Sachbuchautor von geradezu magischer Qualität. Methodisch und klar gibt er einen knappen Überblick über die Grundlagenphysik, um ihre Lücken deutlich zu machen – die offenen Fragen, die die heutigen Physiker faszinieren.

Über die Physik hinaus sind es die Naturwissenschaften in ihrer Gesamtheit, ihre Verbindungen mit anderen Wissensgebieten und ihre Rolle in der Gesellschaft, über die er sich Gedanken macht. Physiker sind keine Techniker ohne Verbindung zur Realität – und sie können es auch nicht sein. Immerhin behaupten sie, über diese Realität zu sprechen. Die Welt, die sie mit Hilfe von Teilchenbeschleunigern erforschen, und die Welt, in der sie jeden Morgen aufwachen, sind schließlich dieselbe. Besser als alle anderen Wissenschaftler lässt uns Carlo Rovelli diese enge Verbindung zwischen forscherischer Tätigkeit und unserem quirligen Alltag spüren.

Der italienische Herausgeber Sante Di Renzo hatte die Weitsicht, Carlo Rovelli um einen Text für neugierige junge Leser zu bitten, die sich für eine wissenschaftliche Laufbahn interessieren. Aus mehreren Gesprächen über Physikvorlesungen des Physikers entstand schließlich der Text *Che cos'è il tempo? Che cos'è lo spazio?*

Da ich, nachdem ich Carlo Rovelli auf der Konferenz gehört hatte, selbst die Idee hatte, ihn zu publizieren, schlug er mir vor, diese Arbeit aufzugreifen und im Hinblick auf ihren wissenschaftlichen Inhalt wie auch auf ihre Gedanken über die Naturwissenschaften weiterzuentwickeln. Daraus ist nun ein pointierterer und umfangreicherer Text geworden, ein veritables «Gedankengebäude», das nun hier vorliegt. Man erfährt, in welche Richtung die Physik von morgen strebt und warum sie wieder auf Aristoteles trifft, woran ein «Körnchen» Raumzeit erinnert und welche wichtige Rolle derartige Fragen für die Entwicklung der Zivilisation spielen können.

Mehr noch als ein naturwissenschaftliches Werk ist dieses Buch eine Demonstration naturwissenschaftlichen Denkens, das für Kinder so natürlich ist, aber so schwer zu bewahren.

Élisa Brune
Wissenschaftsjournalistin

EINFÜHRUNG

Ich habe einen großen Teil meines Lebens der naturwissenschaftlichen Forschung gewidmet, doch war die Naturwissenschaft eine späte Leidenschaft für mich. In meiner Jugend interessierte ich mich weniger für die Wissenschaft als für die ganze Welt.

Ich bin in Verona aufgewachsen, in einer unauffälligen Familie. Mein Vater, ein Mann von seltener Intelligenz, unaufdringlich und reserviert, war Ingenieur und führte sein eigenes Unternehmen. Er hat mir das Vergnügen vermittelt, die Welt mit Neugier zu betrachten. Meine Mutter, eine wahre Italienerin, überschüttete ihren einzigen Sohn mit Liebe, half mir bei den «Forschungen», die ich in der Grundschule durchführte, und förderte meinen Wissensdurst.

Ich besuchte das klassische Gymnasium in Verona, wo mehr Wert auf Griechisch und Geschichte als auf Mathematik gelegt wurde. Diese Schule bot einerseits viele kulturelle Anregungen, war andererseits aber auch anmaßend und provinziell, hatte sie sich doch auf die Fahnen geschrieben, Privilegien und Identität der heimischen Bourgeoisie zu schützen. Mehrere Lehrer waren vor dem Krieg Faschisten gewesen, und sie waren es im Herzen geblieben. Man schrieb die 1960er und 1970er Jahre, und zwischen den Generationen tobte ein heftiger Konflikt. Die Welt veränderte sich rasch. Den meisten Erwachsenen in meiner Umgebung fiel es schwer, diese Entwicklung zu akzeptieren; sie verharrten in Abwehr und unproduktiven Haltungen. Ich hatte kein Vertrauen zu ihnen, und noch weniger vertraute ich meinen Lehrern. Ich lag in ständigem Streit mit ihnen und mit sämtlichen Autoritätspersonen.

Meine Jugendjahre waren von Aufbegehren geprägt. Ich konnte mich mit den Werten, die um mich herum vertreten wurden, nicht identifizieren und empfand ein Gefühl völliger Verwirrung, denn nichts erschien mir sicher. Nur eins war klar: Die Welt um mich herum unterschied sich deutlich von jener, die mir gerecht und schön erschien. Ich träumte davon, auszusteigen und dieser Wirklichkeit, die mich abstieß, zu entfliehen. Ich las Bücher, in denen von anderen Lebensweisen und neuen Ideen die Rede war. Und ich dachte, in jedem Buch, das ich noch nicht gelesen hatte, könnten wunderbare Schätze verborgen sein.

Während meines Studiums in Bologna ergriff der Konflikt mit der Welt der Erwachsenen einen Großteil meiner Generation. Wir wollten die Welt verändern, sie besser machen, weniger ungerecht, neue Wege finden, zu leben und zu lieben, mit neuen Lebensentwürfen experimentieren, alles ausprobieren. Wir verliebten uns fortwährend neu und diskutierten ohne Ende. Wir wollten lernen, die Dinge ohne Vorurteile zu sehen. Es gab Momente der Verzweiflung und andere, in denen wir glaubten, die Morgendämmerung einer neuen Welt heraufziehen zu sehen.

Es war eine Zeit, in der man seine Träume auslebte. Wir reisten viel: im Kopf und auf der Straße, immer auf der Suche nach neuen Freunden und Ideen. Mit zwanzig brach ich allein zu einer langen Reise um die Welt auf. Ich war auf der Suche nach Abenteuern und wollte «die Wahrheit finden». Heute, Anfang sechzig, muss ich über meine damalige Naivität lächeln, aber ich denke noch immer, dass ich die richtige Wahl traf, und in gewisser Weise erlebe ich heute noch das Abenteuer, das damals begann. Der Weg war nicht immer leicht, doch die verrückten Hoffnungen und die grenzenlosen Träume von damals erfüllen mich noch immer; man muss nur den Mut haben, ihnen zu folgen.

Mit einer Gruppe von Freunden rief ich in Bologna

einen der ersten freien Radiosender jener Zeit ins Leben, *Radio Alice*. Das Mikrophon stand jedem zur Verfügung, der sich per Ätherwellen ausdrücken wollte. Bei *Radio Alice* trafen sich Experimente und Utopien. Mit zwei Freunden aus diesem Kreis verfasste ich ein Buch über die italienische Studentenrebellion Ende der 1960er Jahre. Doch rasch wurden die Hoffnungen unserer Revolution erstickt, und die Ordnung gewann wieder die Oberhand. So leicht lässt sich die Welt nicht verändern.

Auf halbem Weg meines Studiums fühlte ich mich verlorener als je zuvor; ich hatte das bittere Gefühl, dass die Träume, die von so vielen geteilt wurden, im Begriff waren, sich schon wieder zu verflüchtigen. Ich hatte keinen Schimmer, was ich mit meinem Leben anfangen sollte. Den Weg des sozialen Aufstiegs einzuschlagen, Karriere zu machen, Geld zu verdienen und einen Zipfel der Macht zu ergreifen, erschien mir allzu öde. Das war nicht mein Ding. Aber es gab die ganze Welt zu erforschen, und jenseits der Wolken stellte ich mir stets einen grenzenlosen Horizont vor.

Die wissenschaftliche Forschung war damals meine Rettung – hier fand ich einen unbegrenzten Freiraum, ein Abenteuer, ebenso außergewöhnlich wie uralt. Bis zu diesem Zeitpunkt hatte ich studiert, um meine Prüfungen zu bestehen, und vor allem, um den obligatorischen Militärdienst hinauszuzögern; doch nun interessierten mich meine Fächer wirklich und begeisterten mich schließlich sogar.

Im dritten Studienjahr Physik stand die «neue» Physik auf dem Lehrplan, die Physik des 20. Jahrhunderts: Quantenmechanik und Einsteins Relativitätstheorie. Dahinter stehen faszinierende Ideen, außergewöhnliche konzeptuelle Revolutionen, die unsere Sicht der Welt verändern und alte Ideen auf den Kopf stellen, darunter auch solche, die als gut gesichert galten. Im Zuge dieser neuen Erkenntnisse ist deutlich geworden, dass die Welt nicht so ist, wie sie scheint. Man lernt, die Dinge mit anderen Augen zu betrachten. Das ist eine bemerkenswerte Gedankenreise. So bin ich aus einer missglückten Kulturrevolution in eine gerade stattfindende Revolution des Denkens hineingeschlittert.

Mit den Naturwissenschaften entdeckte ich eine Art des Denkens, die mit dem Festlegen von Regeln beginnt, um die Welt zu verstehen, und anschließend in der Lage ist, diese Regeln zu modifizieren. Diese Freiheit auf der Suche nach Erkenntnis faszinierte mich. Angespornt von meiner Neugier und vielleicht auch von dem, was Federico Cesi, Freund Galileis und Visionär der modernen Naturwissenschaften, «den natürlichen Wunsch zu wissen» nannte, fand ich mich plötzlich, fast ohne mir dessen bewusst zu werden, mitten in den Problemen der theoretischen Physik wieder.

Mein Interesse für diese Disziplin erwuchs daher eher aus Zufall und Neugier denn aus einer bewussten Entscheidung. Im Gymnasium war ich gut in Mathematik, aber ich fühlte mich stets stärker zur Philosophie hingezogen. Wenn ich als Studienfach Physik statt Philosophie gewählt hatte, dann nur deshalb, weil ich in meiner Verachtung für die etablierten Institutionen philosophische Probleme für zu wichtig hielt, um sie allein an der Hochschule zu diskutieren …

In dem Moment, als mein Traum, eine neue Welt zu schaffen, an der Realität scheiterte, verliebte ich mich daher in die Wissenschaft, die die Entdeckung einer unendlichen Zahl neuer Welten bereithält und mir die Möglichkeit bot, als Forschender frei und ungehindert meinem Weg zu folgen. Die Naturwissenschaft war für mich ein Kompromiss: Sie erlaubte mir, auf meinen Wunsch nach Veränderung und Abenteuer nicht zu verzichten, meine Gedankenfreiheit zu bewahren und der zu sein, der ich bin; zugleich mied sie alle Konflikte, die aufgrund dieser Haltung mit der Umwelt auftreten können. Besser noch, ich leistete einen Beitrag zu einem Unterfangen, das die Gesellschaft schätzte.

Meines Erachtens erwächst ein großer Teil intellektueller oder künstlerischer Arbeit aus einem derartigen Manöver. Sie bietet eine Art Refugium für potenzielle Abweichler. Gleichzeitig braucht die Gesellschaft solche Menschen, denn sie lebt in einem dynamischen Gleichgewicht: Auf der einen Seite garantieren Beharrungskräfte ihre Stabilität und Fortdauer und verhindern Unordnung, die das Geschaffene zerstören würde. Auf der anderen Seite sorgt der Wunsch nach Wandel und Gerechtigkeit dafür, dass die gesellschaftlichen Zustände sich verändern und weiterentwickeln. Ohne diesen Wunsch nach Wandel hätte die Zivilisation niemals den Punkt erreicht, an dem sie sich heute befindet; wir würden noch immer die Pharaonen verehren.

Ich denke, die Neugier und das Streben nach Veränderungen, die es in jeder Generation gibt, sind die Hauptquelle für gesellschaftlichen Fortschritt. Neben den Hütern der Ordnung, die die Stabilität erhalten, die geschichtliche Entwicklung aber bremsen, muss es Menschen geben, die ihre Träume leben und sich trauen, neue Wege zu gehen, verblüffende Ideen zu entwickeln, die Realität auf bisher ungeahnte Weise zu betrachten und zu verstehen. Die heutige Welt ist von denjenigen erdacht und erbaut worden, die in der Vergangenheit fähig waren zu träumen. Nur neue Träume können unserer Zukunft Leben verleihen.

Dieses Buch beschreibt einige Etappen des Weges, den ich in meiner Neugier eingeschlagen habe, und die Träume, die ich auf diesem Weg geträumt habe. Es erzählt von meiner Begeisterung für die Ideen und von den Freunden, die mir unterwegs begegnet sind.

1
EIN AUSSERGEWÖHNLICHES PROBLEM: DIE QUANTENGRAVITATION

Während meines vierten Jahres auf der Universität stieß ich auf den Artikel eines englischen Physikers, Chris Isham, in dem es um *Quantengravitation* ging. An der Basis der modernen Physik gebe es ein ungelöstes Problem, hieß es in dem Artikel, das mit der Definition von Zeit und Raum verknüpft ist, also mit der Grundstruktur der Welt. Ich las diesen Artikel begierig, ohne viel vom Inhalt zu verstehen, doch die Frage, die er beleuchtete, schlug mich in ihren Bann. Im Folgenden möchte ich das Problem in groben Zügen skizzieren.

Der bedauernswerte Zustand der Grundlagenphysik

Die große wissenschaftliche Revolution des 20. Jahrhunderts basiert auf zwei Grundpfeilern: einerseits auf der *Quantenmechanik*, andererseits auf Einsteins *Allgemeiner Relativitätstheorie*. Die Quantenmechanik, die die mikroskopische Welt sehr gut beschreibt, hat all unser Wissen über Materie auf den Kopf gestellt. Die Allgemeine Relativitätstheorie, die die Gravitation (Schwerkraft) genau erklärt, hat all das radikal verändert, was wir über Zeit und Raum zu wissen meinten. Diese beiden Theorien sind weitgehend experimentell bestätigt und haben die Entwicklung eines Großteils unserer modernen Technologie ermöglicht.

Sie führen jedoch zu zwei sehr unterschiedlichen Beschreibungen der Welt, die auf den ersten Blick unvereinbar erscheinen. Beide Theorien sind so formuliert, als würde die andere nicht existieren. Das, was ein Professor seinen Studenten über Allgemeine Relativitätstheorie erzählt, scheint für seinen Kollegen, der im Hörsaal nebenan Quantenmechanik unterrichtet, unsinnig zu sein, und umgekehrt gilt das genauso. Die Quantenmechanik benutzt die alten Begriffe von Zeit und Raum, die im Widerspruch zur Allgemeinen Relativitätstheorie stehen. Und die Allgemeine Relativitätstheorie benutzt die alten Begriffe von Materie und Energie, die im Widerspruch zur Quantenmechanik stehen.

Es gibt momentan keine Situation in der Physik, in der die beiden Theorien gleichzeitig angewandt werden. Je nach Größenskala des untersuchten Problems ist es mal die eine, mal die andere. Die physikalischen Situationen, in denen beide Theorien gelten, beispielsweise bei sehr kleinen Abständen, im Zentrum eines Schwarzen Lochs oder in den ersten Augenblicken der Entstehung des Universums, führen zu Energieniveaus, die sich mit unseren Apparaturen kaum erzeugen lassen.

Wir wissen jedoch nicht, wie wir diese beiden großen Entdeckungen verbinden sollen: Wir haben kein umfassendes Naturbild. Wir befinden uns in einer schizophrenen Situation; unsere Informationen sind Stückwerk und inkompatibel. Das geht so weit, dass wir tatsächlich nicht mehr wissen, was Raum, Zeit und Materie eigentlich sind. Die heutige Grundlagenphysik befindet sich in einem bedauernswerten Zustand.

In der Geschichte gab es solche Situationen wiederholt, beispielsweise vor der Vereinheitlichung der Physik durch Newton. Für Kepler, der die Planeten und Sterne beobachtete, beschrieben die Objekte Ellipsen.

Für Galilei, der Objekte untersuchte, die zu Boden fielen, folgten sie Parabeln. Aber Kopernikus hatte verstanden, dass die Erde ein Ort wie jeder andere ist; sie nimmt keine Sonderstellung im Universum ein. Konnte es also eine Theorie geben, die auf der Erde funktionierte, und eine andere, die am Himmel funktionierte? Newton gelang es, die beiden Sichtweisen zu einer einzigen Theorie zu vereinigen: Dieselbe Gleichung ließ sich nun auf Planeten und auf vom Baum fallende Äpfel anwenden.

Diese befriedigende Einheit hielt drei Jahrhunderte. Bis Anfang des 20. Jahrhunderts entwickelte die Physik ein Ensemble von äußerst schlüssigen Gesetzen, das sich auf eine kleine Zahl von Schlüsselbegriffen wie Zeit, Raum, Kausalität und Materie gründete. Trotz wichtiger Verbesserungen sind diese Begriffe recht stabil geblieben. Gegen Ende des 19. Jahrhunderts begannen sich innere Spannungen im System aufzubauen, und im ersten Viertel des 20. Jahrhunderts haben Quantenmechanik und Allgemeine Relativitätstheorie diese Fundamente buchstäblich pulverisiert. Die schöne Newton'sche Einheit war dahin.

Quantenmechanik und Allgemeine Relativitätstheorie waren ungeheuer erfolgreich und sind experimentell immer wieder bestätigt worden; sie gehören mittlerweile zum gesicherten Wissen. Jede der beiden Theorien modifiziert die konzeptuelle Basis der klassischen Physik in einer Weise, die für ihren Teil schlüssig ist, aber wir haben keinen konzeptuellen Rahmen, der in der Lage ist, *beide* Theorien in Einklang zu bringen. Daher können wir nicht vorhersagen, was passiert, wenn die Gravitation beginnt, Quanteneffekte zu zeigen, also in einer Größenordnung unterhalb von 10^{-33} Zentimeter wirksam wird. Derart kleine Dimensionen sind extrem, aber man muss sie dennoch beschreiben können. Die Welt kann nicht zwei einander widersprechenden Theorien gehorchen. Phänomene, die sich in so kleinen Maßstäben abspielen, kommen in der Natur durchaus vor, zum Beispiel kurz nach dem Urknall oder in der Nähe eines Schwarzen Lochs. Wenn wir diese Phänomene verstehen wollen, müssen wir in der Lage sein zu berechnen, was sich in solchen Dimensionen abspielt. Auf die eine oder andere Weise müssen wir beide Theorien miteinander versöhnen. Diese Mission ist das zentrale Problem der *Quantengravitation*.

Es ist ganz offensichtlich ein schwieriges Problem. Aber mit der Kühnheit eines jungen Mannes von zwanzig Jahren entschloss ich mich, als es auf mein letztes Studienjahr zuging, mein Leben dieser Herausforderung zu widmen. Mich lockte die Vorstellung, so grundlegende Konzepte wie Zeit und Raum zu untersuchen, und auch die Tatsache, dass die Situation unlösbar erschien.

In Italien arbeitete so gut wie niemand an diesem Problem. Meine wissenschaftlichen Lehrer rieten mir strikt davon ab, diese Richtung einzuschlagen: «Das ist ein Weg, der nirgendwo hinführt», «Du wirst niemals eine Stelle finden», oder auch «Du solltest dich einem starken und schon gut etablierten Team anschließen». Das einzige Ergebnis solcher Warnungen, die Erwachsene uns zukommen lassen, besteht jedoch häufig darin, den unbeschwerten Eigensinn der Jugend zu verstärken.

Als Kind las ich die Märchen eines italienischen Schriftstellers, Gianni Rodari. Eines dieser Märchen erzählt die Geschichte von Giovannino und dem Weg, der nirgendwo hinführt. Der Held lebt in einem Dorf, in dem es eben diesen Weg gibt, der nirgendwo hinführt. Aber neugierig und dickköpfig, wie er ist, und all dem zum Trotz, was die anderen sagen, will er sich selbst ein Bild machen. Er begibt sich also auf den Weg, und natürlich findet er ein Schloss und eine Prinzessin, die ihn mit Edelsteinen überhäuft. Als er derart reich beschenkt ins Dorf zurückkehrt, machen sich alle übrigen ebenfalls auf den Weg, aber niemand findet auch nur den kleinsten Schatz. Mit der Quantengravitation hatte ich einen Weg gefunden, der nach allgemeiner Ansicht nirgendwo hinführt. Ich habe meine Prinzessin und viele Edelsteine gefunden.

2
RAUM, TEILCHEN UND FELDER

Wir wollen Ursprung und Schwierigkeit des Problems der Quantengravitation etwas genauer diskutieren und mit einem Schlüsselbegriff beginnen: dem des Raumes. Denn der Raumbegriff war historisch gesehen der erste, der erschüttert wurde. Anschließend werde ich erklären, wie der Begriff der Zeit eine noch spektakulärere Wandlung durchmachen musste.

Der Raumbegriff, der die Grundlage für unsere Vorstellung von der Welt bildet und uns am besten vertraut ist, ist der eines großen «Behälters» der Welt. Eine Art große Schachtel, regelmäßig, homogen, ohne bevorzugte Richtung, in der die Euklid'sche Geometrie gilt und die Ereignisse der Welt sich abspielen. Alle uns bekannten Objekte werden von Teilchen gebildet, die sich in dieser Raum-Schachtel bewegen. In einem solchen Raum hat Newton seine universelle Gravitationstheorie angesiedelt, die auch heute noch die Grundlage für unzählige Anwendungen in allen Bereichen der Technik und der Ingenieurswissenschaften bildet.

Zweihundert Jahre nach Newton, Ende des 19. Jahrhunderts, untersuchten James Clerk Maxwell und Michael Faraday die elektrische Kraft zwischen geladenen Objekten, und das führte sie zu einer Modifikation dieser Beschreibung. Neben dem Raum und den Teilchen brachten sie eine dritte Zutat ins Spiel: das elektromagnetische «Feld», ein neues «Objekt», das für die gesamte Physik, die folgen würde, von großer Bedeutung war.

Das elektromagnetische Feld ist der Träger von elektrischen und magnetischen Kräften. Ein Feld ist eine Art diffuser Entität, die den ganzen Raum erfüllt. Faraday stellte sich ein Feld wie ein Ensemble von *Linien* vor, die aus positiven elektrischen Ladungen entspringen und auf negativen elektrischen Ladungen enden. Abbildung 1 zeigt einige dieser (Feld-)Linien. Tatsächlich gibt es unendlich viele von ihnen, und sie erfüllen den gesamten Raum kontinuierlich, wie die immateriellen Fäden eines dreidimensionalen Spinnennetzes.

Durch jeden Punkt des Raums verläuft eine Faraday-Linie. Die Richtung dieser Linie in diesem Punkt wird durch einen Vektor (einen kleinen Pfeil) angezeigt, der die Linie tangential berührt. Das Feld übt eine elektrische Kraft auf eine an dieser Stelle platzierte

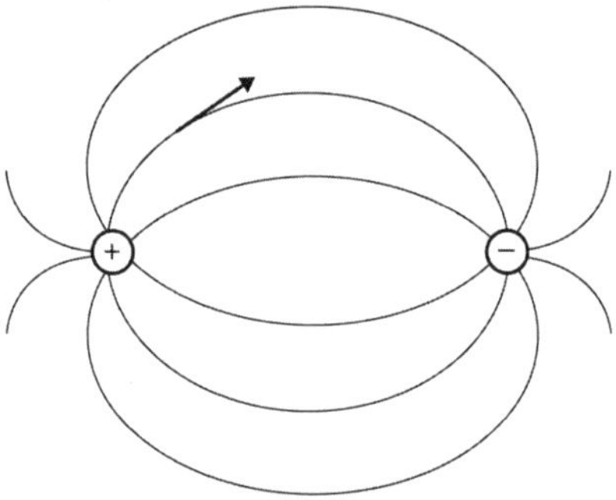

Abbildung 1. Elektrisches Feld um zwei Ladungen; das Feld besteht aus Linien, den Faraday-Linien. Die Richtung der elektrischen Kraft in einem Punkt wird durch den Pfeil angezeigt.

elektrische Ladung aus, und zwar in Richtung des Vektors.

Die große Entdeckung von Faraday und Maxwell bestand darin zu verstehen, dass dieses Feld eine autonome Einheit bildet, die unabhängig von elektrischen Ladungen existiert. Die Faraday-Linien existieren also auch ohne Ladungen. Wenn es keine Ladungen gibt, auf denen die Linien enden könnten, ziehen sie sich in sich selbst zurück und bilden geschlossene Kurven im Raum, die man als Schleifen bezeichnet. Eine die-

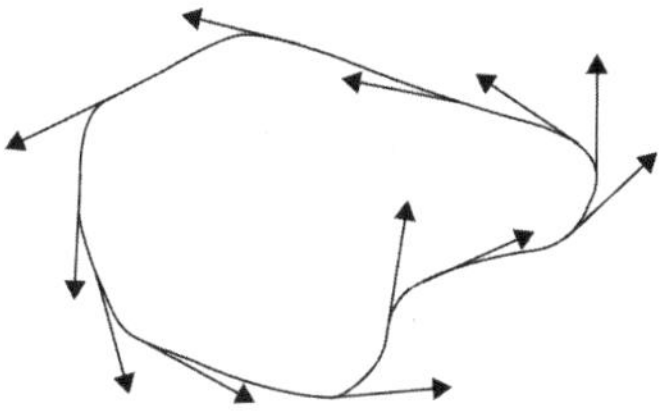

Abbildung 2. Eine geschlossene Faraday-Linie, das heißt eine Schleife. Die Tangente an die Faraday-Linie in jedem Punkt gibt die Richtung der elektrischen Kraft an. Diese Linien erfüllen den gesamten Raum und bilden das elektromagnetische Feld.

ser Faraday-Linien ist in Abbildung 2 dargestellt. Die Richtung der elektrischen Kraft in einem Punkt des Raums ist durch den Vektor gegeben, der die Tangente zu der Linie an diesem Punkt bildet.

Maxwell gelang es, die intuitiven Einsichten Faradays in mathematische Formeln zu fassen und daraus Schlussfolgerungen zu ziehen. Die Maxwell'schen Gleichungen beschrieben das von Faraday vorgestellte elektromagnetische Feld und damit die Faraday-Linien. Faraday, der ein genialer Experimentator und ein großer Visionär war, verstand nichts von mathematischen Methoden.

Die Form der Faraday-Linien wird von den Maxwell'schen Gleichungen bestimmt. Sie ist nicht festgelegt, sondern reagiert auf die Einwirkung durch benachbarte Linien und sich ständig verändernde elektrische Ladungen. Wenn Ladungen präsent sind, öffnen diese die Schleifen und verleihen dem elektromagnetischen Feld das Aussehen, das in Abbildung 1 illustriert ist. Das Feld setzt sich aus sämtlichen Faraday-Linien zusammen und verhält sich wie ein Meer sich bewegender Linien. Und wie Meereswellen verändern sich die Linien ständig, und die Bewegung setzt sich entsprechend fort.

Wenn sich eine Deformation des Felds in kohärenter Weise von einem Punkt zum nächsten fortsetzt, spricht man von einer elektromagnetischen Welle, die sich zwischen zwei Punkten fortpflanzt. Größe und Richtung des Vektors, der die elektrische Kraft repräsentiert, oszillieren daher periodisch. Die Geschwindigkeit und die Amplitude der Oszillation definieren die Merkmale der Welle: ihre Wellenlänge und Intensität. Heinrich Hertz war der Erste, der Radiowellen benutzte, um Informationen über größere Entfernungen zu übermitteln; damit hat er die Tür für Hunderte von weiteren Anwendungen geöffnet, die unsere moderne Technologie nach und nach bereichert und das Antlitz der Welt verändert haben. Maxwell besaß das Genie zu verstehen, dass Licht nichts anderes ist als eine rasche Wellenbewegung der Feldlinien, eine der vielen Varianten der elektromagnetischen Strahlung. Bei Radiowellen erfolgt die Wellenbewegung langsam, im Fall des sichtbaren Lichtes ist sie schnell, doch es handelt sich um ein und dasselbe Phänomen: eine periodische Deformation des elektromagnetischen Felds.

Manchmal wird behauptet, das elektromagnetische Feld sei unsichtbar. Aber das stimmt nicht, denn das, was wir «sehen», ist stets nichts anderes als eben das elektromagnetische Feld. Wenn wir etwas betrachten, nehmen wir nicht das Objekt direkt wahr, sondern die Oszillationen des elektromagnetischen Felds zwischen ihm und uns: das vom Objekt reflektierte Licht. Denken Sie daran, was Sie in einem Spiegel oder auf einer Kinoleinwand oder in einem Hologramm sehen. In diesen drei Fällen gibt es kein Objekt an dem Ort, wo wir eines zu sehen meinen, sondern nur reflektiertes Licht, *als ob* es dort ein Objekt gäbe. Der Effekt ist derselbe.

Die Arbeiten von Faraday und Maxwell veränderten die Newton'sche Sicht der Welt ein wenig, aber nicht grundlegend. Man ging noch immer davon aus, dass es eine Raum-Schachtel gebe und die Dinge sich in diesem Raum bewegen. Nur gab es jetzt neben der Raum-Schachtel und den Teilchen eine dritte Entität, die sich zu den beiden anderen hinzugesellt hatte: das elektromagnetische Feld.

Die Revolution, die unser Verständnis von Raum völlig veränderte, fand 1915 statt, und ihr Urheber war Albert Einstein.

Die Allgemeine Relativitätstheorie

Einstein ist fasziniert von Maxwells Arbeiten und versucht seinerseits, die Schwerkraft (Gravitation) zu erklären, jene Kraft, die uns auf den Boden zieht, die die Erde in der Nachbarschaft der Sonne hält und den Mond in der Nachbarschaft der Erde. Er begreift, dass er ähnlich dem elektromagnetischen Feld ein *Schwerkraft-* oder *Gravitationsfeld* einführen muss. Genauso, wie die elektrische Kraft zwischen Ladungen durch das elektromagnetische Feld vermittelt wird, das den Raum zwischen ihnen erfüllt, muss die Schwerkraft zwischen zwei Massen von einem Gravitationsfeld vermittelt werden. Dort muss es daher gravitative «Faraday-Linien» geben, Linien, die die Massen verbinden und ein Gravitationsfeld bilden, das den ganzen Raum erfüllt. Und das sich bewegen, schwingen und Wellen bilden kann. Einstein führt ein solches Gravitationsfeld ein und orientiert sich bei der Formulierung seiner Gleichungen – die heute als Einstein-Gleichungen bezeichnet werden – an dem Modell, das Maxwell vorgegeben hatte.

Wenn er nichts weiter als das getan hätte, wäre Einstein ein großer Wissenschaftler gewesen, aber kein Genie. Sein Bemühen um Verständnis geht viel tiefer. Bei dem Versuch, die Form der Gleichungen zu interpretieren, die dieses Feld beschreiben, macht Einstein eine verblüffende Entdeckung: Er erkennt, dass das Gravitationsfeld und die Newton'sche Raum-Schachtel tatsächlich *ein und dasselbe* sind. Das ist wahrscheinlich seine größte Erkenntnis.

Nehmen wir an, man stellt fest, dass Herr A und Herr B in Wirklichkeit dieselbe Person sind. Es gibt zwei Möglichkeiten, die ganze Sache zu verstehen: Man kann sagen, dass es keinen Herrn B gibt, denn es handelt sich tatsächlich um Herrn A. Oder man kann sich auf den Standpunkt stellen, es gebe keinen Herrn A, da es sich tatsächlich um Herrn B handelt. Genauso lässt sich Einsteins Entdeckung auf zweierlei Weise ausdrücken. Erste Möglichkeit: Es gibt kein

Gravitationsfeld, und es ist der Raum selbst, der sich bewegt und schwingt und sich verformt wie die Wellen des Meeres. Zweite Möglichkeit: Es gibt keinen Raum, sondern nur ein sich ständig wandelndes Gravitationsfeld. Die erste Aussage ist die Art und Weise, wie die Dinge häufig dargestellt werden – die wissenschaftliche Popularisierung präsentiert dieses Bild eines «elastischen» Raums, der sich in der Nähe eines massereichen Körpers krümmt –, aber diese Aussage ist problematisch, denn sie lässt uns an der Vorstellung festhalten, der Raum sei eine eigenständige Wesenheit und unterscheide sich von der Wesenheit eines Felds. Die Vorstellung «Raum» ist mit einer amorphen, passiven Entität verknüpft, die unabhängig von den darin enthaltenen Dingen existiert. Der Raum der Allgemeinen Relativitätstheorie ähnelt hingegen dem elektromagnetischen Feld: Es handelt sich um eine dynamische Entität, die mit den Objekten wechselwirkt, die sich dort befinden. Daher lässt sich Einsteins Entdeckung besser durch die Aussage beschreiben, dass der Raum nicht existiert: Es handelt sich um ein Gravitationsfeld. Newton hatte das Gravitationsfeld für eine spezielle Einheit gehalten, einen absoluten Raum, statt es als ein Feld unter anderen Feldern zu erkennen.

Diese Entdeckung ist unerwartet und spektakulär.

Der Raum, den Newton als feste und starre Schachtel beschrieb, existiert nicht: An seiner Stelle gibt es ein Gravitationsfeld, ein flexibles und dynamisches physikalisches Objekt von derselben Natur wie das elektromagnetische Feld.

Auf einmal besteht die Welt nicht mehr aus Teilchen und Feldern, die im Raum existieren, sondern aus Teilchen und Feldern allein. Felder, die sozusagen eines im anderen existieren. Das Gravitationsfeld und das elektromagnetische Feld durchdringen einander oder sie überlagern einander oder sie überdecken einander – kurz gesagt: Sie existieren und agieren gemeinsam. Wir leben in einem Gravitationsfeld, nicht in einer starren Raum-Schachtel.

Stellen Sie sich eine Insel im Meer vor, auf der viele Tiere leben. Wir würden sagen, dass wir Tiere auf einer Insel sehen. Doch ein junger Biologe namens Einstanium führt eine genauere Untersuchung durch und stellt fest, dass die Insel keine Insel ist: In Wirklichkeit handelt es sich um einen riesigen Wal. Daher leben die Tiere nicht auf einer Insel. Die Insel ist selbst ein Tier, und es gibt keine *zwei unterschiedlichen Entitäten*, Tiere und Inseln, sondern nur eine einzige Entität, nämlich Tiere, von denen «die einen auf die anderen gestapelt» leben, ohne Zugang zu festem Land zu haben. In gleicher Weise hat Einstein erkannt, dass die Felder nicht notwendigerweise in einer starren Raum-Schachtel existieren müssen, denn sie können «die einen auf die anderen gestapelt» existieren. Newtons Raum war wie die Insel, auf der die Tiere lebten, eine feste Basis, statisch und unbeweglich. Einstein hat gezeigt, dass der Raum nicht anders geartet ist als Felder und Teilchen, die sich bewegen; der Raum ist selbst ein Feld wie die anderen Felder. Er kann sich verändern, schwingen und sich krümmen, und sein Verhalten wird von Gleichungen (den Einstein-Gleichungen) beschrieben, die den Gleichungen des elektromagnetischen Felds in jeder Hinsicht ähnlich sind.

Es stimmt schon, die Modifikationen des Gravitationsfelds sind nach unseren Maßstäben so geringfügig, dass uns der Raum perfekt homogen und unbeweglich erscheint, genau wie der Rücken des Wals im Beispiel mit der Insel und den Tieren. Wir nehmen seine Struktur genauso wenig wahr wie die Unebenheiten auf einem Blatt Papier. Doch mit hochauflösenden Instrumenten lassen sich die «Wellenbewegungen» der Raumzeit sichtbar machen – darum sagt man, dass die Raumzeit nach Einsteins Theorie gekrümmt ist.

Einstein ging in zwei Etappen vor: Zunächst formulierte er die Beschreibung von Bewegungen in der klassischen Mechanik relativistisch, das heißt ohne Berücksichtigung der Schwerkraft (in der Speziellen Relativitätstheorie). Dann erweiterte er diese relativistische Beschreibung der Bewegung von Körpern in der Allgemeinen Relativitätstheorie, indem er die Schwerkraft einbezog.

In der *Allgemeinen Relativitätstheorie* geht es um «Relativität», weil es nicht länger möglich ist, Objekten einen festen Platz im Raum zuzuordnen, sondern nur einen Platz relativ zu anderen Objekten. Und diese Relativität ist allgemein, denn obwohl die Theorie als Gravitationstheorie aus der Taufe gehoben wurde, ist ihre Bedeutung «allgemein», denn sie verändert den Raumbegriff und erschüttert unser Gesamtverständnis der Physik.

Diese Theorie ist sehr schön, aber schwer zugänglich. Zu ihrer exakten Formulierung bedarf es komplizierter Mathematik (man braucht Mathematik, die Felder beschreibt, welche in anderen Feldern existieren und nicht in einer Raum-Schachtel). Doch wenn man die Theorie wirklich versteht, bleibt man zeitlebens fasziniert von ihrer konzeptuellen Klarheit. Konzepte, die uns unverbunden erscheinen – Raum, Schwerkraft, die Felder –, werden zu verschiedenen Aspekten einer einzigen Entität: dem Gravitationsfeld.

Wie hat Einstein diese erstaunliche Theorie entwerfen können? Direkte Experimente haben bei seiner Arbeit so gut wie keine Rolle gespielt. Die Theorie ist das Resultat reinen Nachdenkens, angewandt auf das, was man bis zu diesem Zeitpunkt über die Welt wusste. Die Allgemeine Relativitätstheorie ist eine reine Schöpfung Einstein'schen Genies: Durch logisches Nachdenken über die Natur des Raums und die bereits etablierten Theorien kam Einstein zu dem Schluss, dass die Raumzeit dynamisch ist; er fand die passende Gleichung und berechnete die scheinbare Verschiebung von Sternpositionen während einer Sonnenfinsternis.

Sein Verständnis erwuchs aus seiner profunden Kenntnis der existierenden Theorien. Einstein hat seine Theorien nicht aus dem Nichts geschaffen. Um 1905 die Spezielle Relativitätstheorie zu entwickeln, beschäftigte er sich intensiv mit den etablierten Theorien seiner Zeit, der Theorie von Maxwell und der Mechanik von Galilei und Newton, und er konzentrierte sich auf die offensichtlichen Widersprüche zwischen diesen Theorien (ich werde in Kapitel 6 darauf zurückkommen). Im Zusammenhang mit dem Entwurf der Allgemeinen Relativitätstheorie 1915 untersuchte er die Widersprüche zwischen Newtons Gravitationstheorie und der Speziellen Relativitätstheorie. Er benutzte die etablierten Theorien als empirische Basis zur Formulierung einer neuen Denkweise, die sie einschließt. Die bereits existierenden Theorien spielten für ihn die Rolle von «experimentellen Daten» (denn sie waren ausführlich belegt), die er einsetzte, um eine höhere Ebene zu erreichen, genauso, wie die Theorien von Kepler und Galilei als Grundlage für Newtons Theorie gedient hatten. Einsteins Entdeckungen sind daher keineswegs reine Spekulationen, sondern sind wie diejenigen von Newton fest im Empirismus verankert, auch wenn die experimentellen Daten aus bereits existierenden Theorien stammten.

Noch vor dreißig Jahren wurde die Allgemeine Relativitätstheorie als eine wunderbare, aber exotische und weitgehend spekulative Theorie angesehen. Seitdem hat sie eine Fülle von experimentellen Bestätigungen und Anwendungen erfahren. Anwendung findet diese Theorie inzwischen auf ganz verschiedenen Gebieten: von der Astrophysik bis zur Kosmologie und in Experimenten, in denen es darum ging, die Gravitationswellen (die Schwingungen der gravitativen Faraday-Linien) nachzuweisen, die von der Theorie vorhergesagt wurden.

Von den Vorhersagen der Theorie, die sich inzwischen spektakulär bestätigt haben, möchte ich neben den Gravitationswellen vor allem die Schwarzen Löcher erwähnen, deren Existenz im Universum eindeutig nachgewiesen wurde. Und bei den Anwendungen darf ich auf GPS (*Global Positioning System*) verweisen, das jeder kennt. Diese kleinen Ortungscomputer, die den genauen Standort auf der Erdoberfläche ermitteln, findet man im Sport ebenso wie im Auto. Ohne Berücksichtigung der Allgemeinen Relativitätstheorie würden ihre Berechnungen nicht funktionieren.

Aber diese Revolution ist nicht die einzige, die die Physik des 20. Jahrhunderts erschütterte. Darüber hinaus hat die Quantenmechanik unser Denken über Objekte und Materie verändert.

Die Quantenmechanik

Der Objektbegriff, der in Newtons Theorie von grundlegender Bedeutung ist, hatte sich bereits mit Faraday und Maxwell weiterentwickelt. Die Welt bestand nicht nur aus Teilchen, das heißt aus winzigen, massiven «Kugeln», sondern auch aus Feldern, diesen diffusen Wesenheiten. Die Revolution des Objektbegriffs, zu der es ganz plötzlich im Rahmen der Quantenmechanik kommt, ist jedoch weitaus radikaler. Dank einer langen und intensiven experimentellen Erforschung von Atomen, Strahlung und Licht sowie einer epischen Theoretiker-Schlacht (in der zahlreiche Helden kämpften: Max Planck, Albert Einstein – schon wieder er! –, Niels Bohr, Werner Heisenberg, Paul Dirac ...) entdeckt man, dass sich die übliche Vorstellung von Materie, wie sie die Newton'sche Mechanik verkörpert, nicht auf mikroskopisch kleine Objekte anwenden lässt. Die Newton'sche Mechanik muss durch eine «Quantenmechanik» ersetzt werden.

Diese neue Mechanik bringt zwei Hauptveränderungen mit sich. Erste Neuerung: Da man sich in der Welt des mikroskopisch Kleinen befindet, stößt man immer wieder auf «Granularität» (Körnigkeit) oder Diskontinuität. Beispielsweise kann ein Objekt der mikroskopischen Welt, das sich in einem begrenzten Raum fortbewegt, keine beliebige Geschwindigkeit haben; es kann nur ganz bestimmte Geschwindigkeiten annehmen – man sagt, seine Geschwindigkeit ist «gequantelt». Viele physikalische Größen weisen eine solche diskontinuierliche Struktur auf, sind also gequantelt. Die Energie eines Atoms, beispielsweise, kann keinen beliebigen Wert annehmen, sondern nur ganz bestimmte Werte (die «Energieniveaus» des Atoms), die man mit Hilfe der Theorie berechnen kann. Die Energie verhält sich, als sei sie granulär: als bilde sie kleine Energiepakete oder «Energiequanten». Dasselbe gilt für Felder. Das elektromagnetische Feld, dieses Ensemble sich ständig verändernder Linien, über das wir bereits gesprochen haben, ist im ganz Kleinen nicht kontinuierlich, sondern manifestiert sich in «kleinen Energiepaketen», einer Art *Körnchen* oder «Quanten», die man als Photonen bezeichnet.

Die andere Neuheit der Quantenmechanik ist, dass es bei allen Bewegungen eine Zufallskomponente gibt, eine intrinsische Unbestimmtheit. Anders als von Newton angenommen, bestimmt der gegenwärtige Zustand eines Teilchens nicht genau, was im nächsten Moment passiert. Die Art und Weise, wie sich die Dinge auf mikroskopischer Ebene entwickeln, wird von Wahrscheinlichkeitsgesetzen bestimmt: Man kann die *Wahrscheinlichkeit*, mit der ein Ereignis eintritt (wie oft ein Ereignis eintritt, wenn man das Experiment viele Male wiederholt) sehr genau berechnen, kann die Zukunft aber nicht sicher vorhersagen. Die Dynamik ist also nicht deterministisch, sondern probabilistisch. Infolgedessen lässt sich ein Teilchen nicht mehr durch seine Position beschreiben, sondern vielmehr durch eine «Wolke» von Wahrscheinlichkeiten, die die Gesamtheit der Wahrscheinlichkeiten einer jeden Position repräsentieren, die das Teilchen einnehmen könnte: Dort, wo die Wolke besonders dicht ist, ist die Wahrscheinlichkeit, das Teilchen anzutreffen, besonders hoch. Jedem Teilchen oder Photon kann man deshalb eine Wahrscheinlichkeitswolke zuordnen. Die Bewegung eines Teilchens wird daher zur «zeitlichen Veränderung der Aufenthaltswahrscheinlichkeit des Teilchens».

Kontinuität und Determinismus, zwei Grundbegriffe des klassischen Denkens über die Materie, müssen aufgegeben werden. Wenn man die Welt des sehr Kleinen betrachtet, so ist sie diskontinuierlich und probabilistisch.

Das ist es, was wir aus den beiden großen konzeptuellen Revolutionen Anfang des 20. Jahrhunderts gelernt haben.

Quantengravitation

Endlich gelangen wir zum Kern des Problems der Quantengravitation. Was passiert, wenn man versucht, das, was wir über die Quantenmechanik erfahren haben, mit dem zu kombinieren, was wir aus der Allgemeinen Relativitätstheorie wissen?

Einerseits hat Einstein entdeckt, dass der Raum ein Feld ist, vergleichbar dem elektromagnetischen Feld. Andererseits lehrt uns die Quantenmechanik, dass alle Felder aus Quanten bestehen und man nicht mehr als die «Wahrscheinlichkeitswolke» dieser Quanten beschreiben kann. Wenn man diese beiden Vorstellungen zusammenführt, ergibt sich daraus sofort, dass der Raum, das heißt das Gravitationsfeld, ebenfalls eine granuläre Struktur besitzen muss, genauso wie das elektromagnetische Feld. Es sollte dort also «Raumkörnchen» geben. Zudem muss die Dynamik dieser Körnchen probabilistisch sein. Daher sollte man den Raum als eine «Wahrscheinlichkeitswolke von Raumkörnern» beschreiben können ... Das ist ein schwindelerregendes Konzept, denn es widerspricht unserer Alltagserfahrung und unserer Intuition, aber nichtsdestotrotz ist es die Sicht, die sich aus unseren besten Theorien ergibt. Newtons starre Raum-Schachtel gehört der Vergangenheit an. Der Raum ist ein von Wellen erfülltes Feld, und seine Struktur besteht aus Körnchen, die Wahrscheinlichkeitsgesetzen gehorchen.

Aber was bedeuten diese «Raumkörnchen» eigentlich? Wie kann man sie beschreiben? Mit welcher Mathematik? Welchen Gleichungen gehorchen sie? Was bedeutet der Ausdruck «Wahrscheinlichkeitswolke von Raumkörnchen»? Welche Konsequenzen hat es für das, was wir beobachten und messen? Hier haben wir das ganze Problem der Quantengravitation in einer Nussschale: Man konstruiere eine mathematische Theorie, die diese Wahrscheinlichkeitswolken von Raumkörnchen beschreibt, und versuche ihre Bedeutung zu verstehen.

Aber das Problem nimmt damit kein Ende. Bereits 1905 hatte Einstein in der Speziellen Relativitätstheorie auch festgestellt, dass Raum und Zeit nicht getrennt beschrieben werden können: Sie sind untrennbar miteinander verknüpft und bilden eine Einheit, die *Raumzeit*. Da heißt: Wenn der Raum auf die Präsenz von Massen reagiert und von ihnen verändert wird, dann gilt das auch für die Zeit. Die Art und Weise, wie sie vergeht, hängt von der Anwesenheit von Körpern und ihrer Bewegung ab. Bisher habe ich gesagt, dass der Begriff «Raum» durch den Begriff «Gravitationsfeld» ersetzt werden muss, aber das war nicht präzise genug: Tatsächlich ist es der Begriff der Raumzeit, der von demjenigen des Gravitationsfelds ersetzt werden muss. Und daher ist es die Raumzeit, die granulär (körnig) und probabilistisch werden muss, nicht nur der Raum. Aber was ist eine probabilistische Zeit?

Um eine neue Theorie zu entwickeln, müssen wir ein Gedankengebäude errichten, das nichts mehr zu tun hat mit unserem gewohnten Konzept von Raum und Zeit. Man muss sich eine Welt vorstellen, in der die Zeit keine Variable mehr ist, die kontinuierlich vergeht, sondern zu etwas anderem wird, das sich auf diese Wahrscheinlichkeitswolke von Körnchen der Raumzeit gründet.

Dies ist das außergewöhnliche und ungelöste Problem, auf das ich während meines vierten Studienjahres an der Universität stieß. Während ich zusammen mit meinen Freunden mein Buch über die Studentenrevolte schrieb (ein Buch, das der Polizei nicht gefiel und mir eine Tracht Prügel im Polizeikommissariat in Verona einbrachte: «Nenn uns die Namen deiner kommunistischen Freunde!»), vertiefte ich mich immer weiter in das Studium von Raum und Zeit und versuchte, die Szenarien zu verstehen, die bis dato entwickelt worden waren.

Es gelang mir, in ein Doktorandenprogramm in Padua aufgenommen zu werden, und ich hatte mir als Doktorvater einen Professor ausgesucht, der meine Arbeit nicht genau verfolgte, mir also weitgehend freie Hand ließ und erlaubte, dem Weg zu folgen, den ich mir ausgesucht hatte. Die Jahre meiner Doktorarbeit brachte ich damit zu, systematisch all das zu studieren, was über das Problem der Quantengravitation bekannt war. Die anderen Doktoranden veröffentlichten bereits ihre ersten Fachartikel, während ich meine drei Doktorandenjahre verbrachte, ohne auch nur eine einzige Publikation zu produzieren. Was mich interessierte, war nicht die Karriere: Ich wollte lernen und verstehen.

Zu dieser Zeit gab es kaum Ideen, wie sich das Problem lösen lassen könnte, und diese Ideen waren zudem bisher nicht über das Embryonalstadium hinausgekommen. Den vielversprechendsten Weg schien die sogenannte *Wheeler-DeWitt-Gleichung* zu weisen, die im Prinzip auf die «vollständig quantifizierte Gleichung des Gravitationsfelds» hinauslief. Diese Gleichung erhält man, wenn man die Gleichungen der Allgemeinen Relativitätstheorie mit denjenigen der Quantenmechanik verknüpft. Aber sie bot eine Fülle von Schwierigkeiten: Sie war aus mathematischer Sicht nicht wohl definiert, ihre physikalische Bedeutung blieb völlig im Dunkeln, und man konnte nicht viel mit ihr berechnen. Die Situation, die sich während meiner Doktorandenzeit herauskristallisierte, war daher außerordentlich verwirrend.

Rund dreißig Jahre später haben sich die Dinge stark verändert. Heute kennt man mögliche Lösungen für das Problem der Quantengravitation, auch wenn noch keine dieser Lösungen vollständig ist und auch kein allgemeiner Konsens herrscht.

Ich hatte die Chance und das große Glück, an der Formulierung einer dieser möglichen Lösungen mitzuarbeiten: an der *Schleifenquantengravitation*, kurz «Schleifentheorie» genannt oder auch Loop-Theorie.

3

GEBURT DER SCHLEIFENTHEORIE

Während meiner Doktorarbeit reiste ich wie in früheren Zeiten auf der Suche nach neuen Ideen und neuen Freunden umher, diesmal aber viel gezielter. Ich wollte Menschen treffen, die sich für Quantengravitation und die Probleme von Zeit und Raum interessierten. Also machte ich mich auf, um die weltweit prominentesten Wissenschaftler zu besuchen, die auf dem Gebiet der Quantengravitation forschten. Mein Reisebudget stammte aus verschiedenen Quellen: Mittel, die per italienischem Gesetz Doktoranden für Auslandsaufenthalte zustehen, Gelder einer Privatstiftung, von deren Existenz ich durch einen Aushang im physikalischen Institut der Universität in Trient erfuhr, und meine eigenen Ersparnisse. Ich kündigte meinen Besuch per Brief an (E-Mail gab es damals noch nicht) und machte mich auf den Weg.

Der Erste, den ich aufsuchte, war Chris Isham, Autor des Artikels, der meine Begeisterung für dieses Thema geweckt hatte. Ich verbrachte zwei Monate mit ihm am Imperial College in London, wo ich zum ersten Mal mit der bunten und internationalen Welt der theoretischen Physik in Berührung kam: Junge Menschen in Anzug und Krawatte mischten sich ganz selbstverständlich unter Wissenschaftler, die barfuß gingen und deren lange Haare bunte Bänder zierten; man stieß auf alle nur denkbaren Sprachen und Physiognomien – es war ein Ort, an dem man Unterschiede schätzte, aber denselben Respekt vor dem Intellekt teilte. Hier fand ich viel von dem freien und unbeschwerten Geist der Hippiekommunen wieder, den ich auf meinen früheren Reisen so geschätzt hatte.

Chris Isham war der Guru der Quantengravitation. Er wusste alles, was man über dieses Thema wissen konnte, aber auch über die Jung'sche Psychoanalyse, über Theologie und eine Fülle weiterer Themen, die in Gesprächen mit ihm immer wieder auftauchten. Er hatte ein sanftes und freundliches Wesen, zur einen Hälfte ein großer Weiser, der jedem einen guten Rat geben konnte, zur anderen Hälfte ein ewig junger Mann, der nicht aufhörte, über die Rätsel der Welt zu staunen. Ich erklärte ihm meine ersten, noch sehr unklaren Ideen, und ich hörte ihm viel zu. Er machte mich freundlich auf Denkfehler und die Ungenauigkeit meiner Überlegungen aufmerksam. Ich fotokopierte am College alles, was es zu dem Thema gab, und las sehr viel. Auf langen Spaziergängen in der Nähe des Imperial College, in den Gärten von Kensington, dachte ich über all den neuen Stoff nach. Diese Gärten sind einfach wunderbar, dort herrscht der Geist von Peter Pan, dem Jungen, der nicht erwachsen werden wollte …

Eines Tages erzählte mir Chris, in den Vereinigten Staaten sei es einem jungen indischen Forscher namens Abhay Ashtekar gelungen, Einsteins Allgemeine Relativitätstheorie so umzuformulieren, dass es das Problem vereinfachen könnte. Chris glaubte, es wäre wahrscheinlich leichter, sich der Quantengravitation über die neue Formulierung von Ashtekar zu nähern.

Daraufhin machte ich mich – noch immer mit meinem eigenen Geld – in die Vereinigten Staaten auf, um diesen Forscher zu treffen, der an der Universität von Syracuse arbeitete. Es handelte sich um die Stadt Syracuse in den USA, nicht um Syrakus in Italien, doch in eine Stadt zu reisen, die denselben Namen trug wie diejenige, in der einer der größten Wissenschaftler aller Zeiten, Archimedes, gelebt hatte, erschien mir dennoch als gutes Omen.

Ich verbrachte zwei Monate in Syracuse und machte mich mit dieser neuen Formulierung vertraut, die noch nicht publiziert war. Abhay strotzte vor Energie. Er hatte bereits eine kleine Gruppe um sich versammelt, die er mit dem Charme seiner gewissenhaften und hartnäckigen Persönlichkeit leitete. Regelmäßig versammelte er seine Mitarbeiter in einem Hörsaal und bedeckte die Tafel mit seiner feinen und präzisen Schrift, um die Lage «auf den Punkt zu bringen», die offenen Fragen aufzuzählen und darüber zu diskutieren. Er dachte analytisch: Immer wieder kam er auf die bereits gemachten Überlegungen zurück, korrigierte und überprüfte sie, bis eine Schwachstelle auftauchte – oder sich ein anderer möglicher, bisher unsichtbarer Weg auftat. Er akzeptierte keine Fehler oder Unschärfen in seinen Gedanken. Abhay repräsentierte eine Art magisches Gleichgewicht zwischen Orient und Okzident, eine dieser Formen neuartiger Intelligenz, die entsteht, wenn unterschiedliche Zivilisationen den Mut haben, sich zu mischen. Ich nahm an diesen Treffen teil, begierig, etwas zu lernen.

Parallel dazu redigierte ich meine ersten physikalischen Fachartikel, und ich setzte mich ohne Einladung oder finanzielle Unterstützung in die Kolloquien, in denen das Thema diskutiert wurde. In einem dieser Kolloquien in Santa Barbara in Kalifornien erfuhr ich von der Existenz eines jungen amerikanischen Wissenschaftlers namens Lee Smolin, der die neue, von Ashtekar entwickelte Formulierung der Allgemeinen Relativitätstheorie benutzte. Mit seinem Freund Ted Jacobson war es ihm gelungen, seltsame Lösungen der Wheeler-DeWitt-Gleichung zu finden. Also entschloss ich mich, Lee Smolin an der University of Yale aufzusuchen, um zu erfahren, wie diese Gleichungen aussahen. Es war der Beginn einer wunderbaren Freundschaft.

Yale

Am Vorabend meiner Abreise aus Syracuse rief mich meine Verlobte aus Italien an, um mir das Ende unserer Beziehung mitzuteilen. Völlige Verzweiflung. Ich wollte meine Abreise annullieren. Aber für einen Rückzieher war es zu spät, daher machte ich mich tieftraurig auf den Weg. Als ich Lee Smolin schüchtern gegenüber saß und begann, ihm von meiner Arbeit zu erzählen, brach ich plötzlich in Tränen aus. Lee reagierte verblüfft und bestürzt, und so erklärte ich ihm den Grund für mein sonderbares Verhalten. Und dann erzählte auch er mir von seiner verlorenen Verlobten … An diesem Tag vergaßen wir die Physik und verbrachten den Nachmittag auf einem kleinen Segelboot, sprachen über unser Leben und unsere Träume.

Am nächsten Tag erklärte Lee mir die Schwierigkeiten, auf die er stieß, wenn er versuchte, die neuen Lösungen der Wheeler-DeWitt-Gleichung zu verstehen, die er zusammen mit Ted Jacobson ausgearbeitet hatte. Die Art und Weise, wie Lee dachte, war das genaue Gegenstück zu Ashtekars Denken: Er blickte nur in die Zukunft. Er suchte die Dunkelheit zu durchdringen und fragte sich, was wohl hinter der Wand unserer Ignoranz liegen könnte. Lee hatte keinerlei Skrupel, fremdartige Ideen auszuprobieren, denn ein einziger intuitiver Gedanke, der funktioniert, wiegt eine Million Vorschläge auf, die zu nichts führen. Er war ein Visionär vom Kaliber eines Giordano Bruno, der als Erster von einem unendlichen Raum gesprochen hatte, angefüllt mit unendlich vielen Welten, oder eines Kepler, der als Erster die Planeten von den Kristallsphären befreit und sie auf rein mathematische Umlaufbahnen im Raum gesetzt hatte – Menschen, die neue Möglichkeiten erträumt hatten, die Welt zu begreifen.

Die Seltsamkeit der von Lee und Ted gefundenen Lösungen beruhte darauf, dass jede dieser Lösungen mit einer im Raum geschlossenen Krümmung verknüpft war, einem Ring, einer Schleife. Was bedeuteten diese Schleifen? Während langer nächtlicher Diskussionen auf dem Campus der Universität, in denen wir das Problem unermüdlich von allen Seiten betrachteten, kristallisierte sich eine Lösung heraus: Diese Schleifen mussten die Faraday-Linien des Quantengravitationsfelds darstellen. Anstelle des kontinuierlichen Linienensembles des klassischen Felds handelte es sich um individuelle isolierte Linien, denn es ging hier um die Quantentheorie: In der Quantengravitation zerfällt das Gravitationsfeld in separate, voneinander getrennte Feldlinien, genauso, wie in der Quantenelektrodynamik das elektromagnetische Feld in Photonen zerfällt.

Und da der Raum nichts anderes ist als das Gravitationsfeld, kann man nicht sagen, dass diese Schleifen in den Raum eingebettet sind: Sie selbst *sind* der Raum! Der Raum wird von diesen Schleifen gebildet. Genau das sagen uns die Gleichungen. An dieser Stelle wurde die Idee geboren, die in einer Theorie münden sollte, welche man heute als Schleifenquantengravitation bezeichnet und an der inzwischen viele hundert Wissenschaftler in aller Welt arbeiten.

Im Lauf mehrerer Wochen arbeiteten wir wie verrückt daran, die Wheeler-DeWitt-Theorie unter Verwendung der Schleifen völlig umzuschreiben. Es gelang uns, eine neuartige Version der Wheeler-DeWitt-Gleichung zu formulieren, die viel besser definiert war als die ursprüngliche Gleichung; wir fanden dafür zahlreiche Lösungen und begannen gleichzeitig, ihre Bedeutung zu verstehen.

Die Lösung, die durch eine einzige Schleife bestimmt wird, stellt ein Universum dar, das aus nicht mehr als einem «Filament» besteht. Die theoretische Existenz dieser Universen, die aus einer einzigen Schleife bestehen, war die erste Bestätigung für die granuläre oder gequantelte Natur des Raums. Um unsere Welt darzustellen, «genügte» es daher, anschließend eine große Zahl von Lösungen, die jeweils aus einer einzigen Schleife bestehen, zu überlagern. So erhielt man ein «Gewebe», gebildet aus einer endlichen Anzahl von Schleifen. Im Gegensatz zum klassischen Feld, in dem die Zahl der Faraday-Linien unendlich ist, kann man die Schleifen im Quantengravitationsfeld zählen. Der Raum ist aus diesen eindimensionalen Objekten, den Schleifen, gewoben, die sich in drei Dimensionen zu Maschen verketten, um ein 3D-Gewebe zu bilden. Und genauso, wie ein T-Shirt aus der Ferne glatt erscheint, man aber mit der Lupe seine Fäden zählen kann, erscheint uns der Raum kontinuierlich, doch bei starker Vergrößerung kann man die Maschen zählen.

In Abwesenheit von Massen bleiben die Schleifen geschlossen. In der Nähe einer Masse öffnen sie sich, genauso, wie die Schleifen des elektromagnetischen Felds sich öffnen, wenn Ladungen auf sie wirken. Natürlich handelt es sich hier nicht um Massen im makroskopischen Sinn. Die Dimension der Schleifen des Gravitationsfelds liegt in einer Größenordnung von 10^{-33} cm (der Planck-Maßstab, die kleinste physikalisch mögliche Dimension); das heißt, sie sind viele Milliarden Mal kleiner als die Atomkerne selbst. Das von den Schleifen gebildete «Gewebe» ist sehr viel dichter geknüpft als der Verbund der Atome, die darin «wohnen». Man kann die Atome als große Perlen ansehen, die in das feine Gewebe einer Bluse eingewoben sind – oder vielleicht auch als Fische, die in einem Meer leben, in dem jedes Wassermolekül mit einer Schleife korrespondiert. Die elementaren Wechselwirkun-

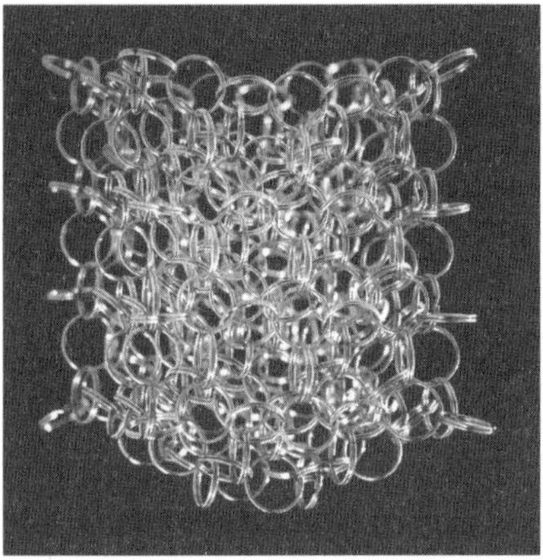

Abbildung 3. Das erste Bild des Raums, wie es von der Theorie der Schleifen nahegelegt wird. Im kleinsten Maßstab gleicht der Raum einer Ansammlung kleiner Ringe.

Abbildung 4. Ich vor langer Zeit, völlig vertieft in den Bau des Modells.

gen zwischen Massen und Schleifen spielen sich daher auf dem Niveau der Elementarteilchen und im Planck-Maßstab ab. Ein Elektron kann dazu führen, dass sich die Schleifen in seiner Nachbarschaft öffnen. Das Elektron oder jedes andere Teilchen im Planck-Maßstab stellt sich daher als Endpunkt einer gewissen Anzahl von Gravitationsfeldlinien dar.

Man könnte sagen, dass es mit dieser Theorie gelungen ist, den Raum zu quanteln, und dass dieser Raum körnig oder diskontinuierlich geworden ist. Ich drücke es lieber so aus, dass es keinen Raum mehr gibt. Es gibt lediglich Teilchen, Felder und Schleifen des Gravitationsfelds, und sie alle interagieren miteinander.

Abbildung 3 zeigt ein schematisches Modell der Feinstruktur des Raums: ein Gewirr von Schleifen. Ich habe damals ein Modell gebaut, das die Idee illustrieren sollte, und bin durch alle Schlossereien in Verona gelaufen, um sämtliche Schlüsselringe aufzukaufen, derer ich habhaft werden konnte.

Das war eine wunderbare Zeit, und wir waren voller Enthusiasmus. In den darauf folgenden Wochen begaben wir uns nach Syracuse, um mit Abhay zu diskutieren, dann nach London, um mit Chris Isham zu diskutieren, und anschließend auf eine große physikalische Konferenz in Goa in Indien, wo wir unsere Ergebnisse zum ersten Mal öffentlich vorstellten. Diese Konferenz 1985 kann man als die «offizielle» Geburt der Schleifentheorie ansehen. Unsere Ergebnisse erregten große Aufmerksamkeit, und wir erhielten viel Zuspruch von der wissenschaftlichen Gemeinschaft.

Intellektueller Anstand

Die Zusammenarbeit mit Lee Smolin in Yale hat mein Leben ebenso verändert wie das seine. Der Text, den wir zusammen publizierten, gehört noch immer zu den am häufigsten zitierten Artikeln in der Quantengravitation und ist der Ursprung unserer beider Karrieren in wissenschaftlichen Institutionen. Die Freundschaft, die mich seit damals mit Lee verbindet, ist unverändert groß und verdankt sich nicht zuletzt dieser schönen anfänglichen Zusammenarbeit, insbesondere einer unvergesslichen Episode, die mich sehr berührt hat und meinen immensen Respekt vor Lee erklärt.

An dem Tag, an dem wir zu dem Schluss kamen, unsere Resultate seien weit genug fortgeschritten, um einen Artikel zu schreiben, suchte Lee mich in meinem Apartment in Yale auf; seine Miene war ernst. Wir beide waren uns bewusst, dass unsere Ergebnisse wissenschaftlich von großer Bedeutung waren. Lee erinnerte mich daran, dass ich ganz zu Anfang unserer gemeinsamen Arbeit, an einem der ersten Tage meines Aufenthalts in Yale, mit einer Skizze zu ihm gekommen war, in der die Quantengravitation in Form von Schleifen dargestellt wurde. Und er schlug mir vor, einen eigenen ersten, kurzen Artikel zu schreiben, um mir die Urheberschaft an der Idee zu sichern. Anschließend würden wir gemeinsam einen zweiten Artikel verfassen, in dem all die gemeinsam erarbeiteten Fortschritte vorgelegt würden. Sein Vorschlag war absurd: Meine anfängliche Idee war sehr vage gewesen, und ohne seinen Beitrag wäre sie schwammig und wertlos geblieben. Aber Lee sorgte sich um meine Situation, denn ich war etwas jünger als er, noch ohne Anstellung und völlig unbekannt in der wissenschaftlichen Welt. Er wollte mich nicht um die Anerkennung meines Beitrags bringen. Ich wies seinen Vorschlag zurück: Es wäre ungerecht gewesen, seinen Namen bei der ersten Veröffentlichung *unserer* Idee nicht zu nennen. Lees großzügiges Angebot beeindruckte mich jedoch tief; das betraf nicht nur unsere Freundschaft, sondern prägte auch mein Verständnis von Wissenschaft.

Die Welt der Wissenschaft ist, wie ich später und oft auf meine Kosten feststellen musste, keine Insel der Glückseligen. Ideenklau ist an der Tagesordnung. Viele Wissenschaftler wünschen sich nichts mehr, als die ersten zu sein, die eine Idee formulieren, und hören auf, mit anderen zu diskutieren, oder stellen die Situation so dar, dass sie den Löwenanteil des Ruhmes einstreichen. Das führt zu einem Klima von Misstrauen und Verdächtigungen, das das Zusammenleben vergiftet und den wissenschaftlichen Fortschritt stark behindert. Ich kenne zahlreiche Kollegen, die sich weigern, mit wem auch immer über die Ideen zu sprechen, an denen sie gerade arbeiten, bevor diese nicht veröffentlicht sind. Das schränkt die freie Diskussion ein, die die Seele der Wissenschaft ist, und vergiftet persönliche Beziehungen.

In nur einer Minute hatte Lee Smolin mir gezeigt, dass Misstrauen unnötig ist. Er offenbarte mir seine absolute wissenschaftliche Integrität und ging dabei bis fast zur Selbstaufgabe. Seine Auffassung von Wissenschaft zeigt, dass es vor allem wichtig ist, gemeinsam zu forschen und zu entdecken, und sich dann, wenn man etwas entdeckt hat, beim Teilen der Meriten anständig und großzügig zu zeigen.

Diese Lehre habe ich beherzigt, und ich versuche,

seinem Beispiel zu folgen. Ich spreche offen mit jedem über meine Ideen, der sie hören will, ohne dabei etwas zu verbergen, und ich versuche, meine Studenten davon zu überzeugen, es genauso zu machen, selbst wenn ich nicht immer Gehör finde. Das verhindert sicherlich nicht, dass Missgeschicke passieren. Wie bei allen, die Wissenschaft betreiben, ist es vorgekommen, dass mir Ideen gestohlen worden sind, absichtlich oder auch unabsichtlich. Und ich muss mir vorwerfen, Ergebnisse publiziert zu haben, die von Unterhaltungen mit anderen inspiriert worden sind. In einer Welt, in der sich die Ideen ständig wandeln, verliert man leicht die Spur seiner Quellen und hält etwas für eine eigene Idee, das man gehört und beim Nachdenken transformiert hat. In diesem Fall genügt im Allgemeinen ein Telefonanruf, um die Sache wieder ins Lot zu bringen: «Erinnerst du dich nicht, dass ich es war, der dir davon erzählt hat?» Dann beeilt man sich, seine Quellen richtigzustellen, und es kehrt wieder Ruhe ein. Die Welt ist nicht perfekt, und man muss die Leute nehmen, wie sie sind. Ich versuche jedoch, mich an der Klarheit und dem Anstand zu orientieren, die mir Lee vorgelebt hat. Ich weiß, dass ich Lee vollständig vertrauen kann, und das ist einer der Gründe für die Hochachtung und Freundschaft, die ich für ihn empfinde.

Die folgenden Jahre verbrachte ich damit, die Schleifentheorie weiterzuentwickeln. Ich hatte meine Doktorarbeit beendet und ein Stipendium des INFN (Istituto Nazionale di Fisica Nucleare), eines Forschungsverbunds für Teilchenphysik, bekommen. Da ich an keine Forschungsgruppe gebunden war, konnte ich dieses Stipendium dazu nutzen, hinzugehen, wohin ich wollte. Ich beschloss, an die Universität von Rom, *La Sapienza* (Die «Weisheit»), zu gehen, die mir aus wissenschaftlicher Sicht als der interessanteste Platz in Italien erschien; zudem besaß sie einen unwiderstehlichen Namen. Dort in Rom finden sich die größten theoretischen Physiker von ganz Italien. Der Leiter der Abteilung wies mir einen Tisch im Untergeschoss zu, an dem ich mehrere Jahre verbrachte, völlig gefangen genommen von der Entwicklung der neuen Theorie und von aller Welt ignoriert. Als mir das Geld ausging, gelang es mir nicht, eine andere Finanzquelle aufzutun. Nicola Cabibbo, Leiter des INFN, hatte von meiner Arbeit in den USA gehört und versuchte, mir eine Festanstellung zu verschaffen. Aber die politische Situation am INFN veränderte sich, und es wurde nichts daraus.

Ich sparte an allen Ecken und Enden, um meinen Lebensunterhalt zu bestreiten, und ich musste meinen Vater um Hilfe bitten, der trotz aller Hindernisse an meine wissenschaftliche Zukunft glaubte, mich unterstützte und mir von Zeit zu Zeit einen Scheck schickte. Es war eine schwierige Phase meiner Lehrzeit. Ich wollte Physiker werden, doch meine wissenschaftliche Laufbahn schien in eine Sackgasse zu geraten. Die Chance auf einen Posten an der Universität war sehr gering, umso mehr, als ich an einem Thema arbeitete, für das sich niemand in Italien interessierte. Manchmal war ich der Verzweiflung nahe.

Doch in dem Moment, wenn die Nacht am dunkelsten und kältesten erscheint, gibt es plötzlich einen Lichtblick. So klingelte eines Tages das Telefon. Am Hörer war der Direktor des Physikdepartments einer amerikanischen Universität, der mich anrief, um mir den Posten eines Assistant Professor anzubieten. Es handelte sich um die University of Pittsburgh, wo Ted Newman arbeitete, einer der weltweit renommiertesten Wissenschaftler auf dem Gebiet der Allgemeinen Relativitätstheorie.

Im ersten Moment reizte es mich nicht sehr, in einer amerikanischen Provinzstadt wie Pittsburgh zu leben. Aber als ich mit einem römischen Freund auf einem abendlichen Spaziergang in der Nähe des Trevi-Brunnens darüber sprach, wies er mich darauf hin, dass eine Stellung als Professor in den USA dem Schicksal eines Arbeitslosen in Italien deutlich vorzuziehen sei. Wenn ich die Freiheit haben wollte, an dem Thema zu arbeiten, das mich interessierte, dann war das die Gelegenheit.

Ich habe zehn Jahre in Pittsburgh verbracht, mit Ted und vielen anderen zusammengearbeitet, mich für verschiedene Probleme der Quantengravitation, der Allgemeinen Relativitätstheorie und noch vieles andere interessiert, aber vor allem an der Weiterentwicklung der Schleifentheorie gearbeitet.

4

ZWISCHENSPIEL: DIE NATURWISSENSCHAFTEN ODER DIE STÄNDIGE ERFORSCHUNG NEUER ARTEN UND WEISEN, DIE WELT ZU DENKEN

Eine der schönsten Überraschungen, die mich in Pittsburgh erwarteten, war das *Center for the History and Philosophy of Science*, vielleicht das bedeutendste Zentrum für Philosophie und Naturwissenschaften in den Vereinigten Staaten. In dieser ungewöhnlichen Institution treffen sich Besucher aller Couleur, und man kann Gedanken aller Art diskutieren. Stets neugierig und seit jeher von Philosophie fasziniert, nahm ich an Seminaren und Konferenzen des Zentrums teil. Dort traf ich renommierte Philosophen, die sich auf die Philosophie der Physik spezialisiert hatten, wie Adolf Grünbaum und John Earman. Sie interessierten sich für die Probleme der Raumzeit und waren nur allzu gern bereit, mit einem Physiker darüber zu diskutieren. Für mich bedeutete dies eine beträchtliche Erweiterung meines

Horizonts und gleichzeitig eine Rückkehr zu den Interessen meiner Jugend. Es entwickelte sich ein sehr angeregter Dialog, der mir wesentliche Ideen und Perspektiven für meine Arbeit als Physiker lieferte.

Der Dialog zwischen Naturwissenschaft und Philosophie

Ich bin überzeugt, dass der Dialog zwischen Naturwissenschaft und Philosophie notwendig ist. In der Vergangenheit hat er eine sehr wichtige Rolle für die Entwicklung der Naturwissenschaft gespielt, vor allem während der bedeutenden konzeptuellen Umwälzungen der theoretischen Physik. Galilei und Newton, Faraday und Maxwell, Bohr, Heisenberg, Dirac und Einstein, um nur die Wichtigsten zu nennen, haben sich intensiv mit Philosophie beschäftigt und hätten die konzeptuellen Sprünge, die sie vollbracht haben, niemals machen können, wenn sie sich nicht auf diese philosophische Kultur hätten stützen können. Das ergibt sich klar aus ihren Schriften, in denen begriffliche und philosophische Probleme eine große Rolle spielen, weil sie Fragen aufwerfen und neue Perspektiven eröffnen. Der direkte Einfluss philosophischer Ideen zeigt sich beispielsweise sehr deutlich in der Entwicklung der Newton'schen Mechanik, der Relativitätstheorie und der Quantenmechanik.

Während der zweiten Hälfte des 20. Jahrhunderts hat sich die Grundlagenphysik von diesem Dialog mit der Philosophie entfernt. Der Hauptgrund dafür ist, dass die Probleme, die sie behandelte, weitaus stärker methodischer als begrifflicher Natur waren. Die Quantenmechanik und die Allgemeine Relativitätstheorie eröffneten neue Gebiete. Es war vordringlich, deren Konsequenzen und mögliche Anwendungen zu untersuchen. Atomphysik, Kernphysik, Teilchenphysik, Physik der kondensierten Materie und viele andere Disziplinen konnten auf der gesicherten Basis von quantenmechanischen Konzepten entwickelt werden; Fortschritte in Astrophysik, Kosmologie und beim Studium der Schwarzen Löcher basieren auf wohletablierten Konzepten der Allgemeinen Relativitätstheorie. Doch heute, wo wir versuchen, die beiden grundlegenden Theorien zu vereinigen, sieht sich die Physik abermals mit fundamentalen Problemen konfrontiert. Ich glaube, dass sich erneut ein philosophisch geschulter Verstand als notwendig erweisen wird.

Das trifft auch aus methodologischer Sicht zu: Ein

Wissenschaftler orientiert seine Forschung stets an wissenschaftstheoretischen Ideen, deren er sich mehr oder weniger stark bewusst ist. Und es ist besser, sich dessen bewusst zu sein, als sich von *A-priori*-Methodologien leiten zu lassen, deren Macht man nicht kennt.

Die Philosophie der Naturwissenschaften in den angelsächsischen Ländern bringt den heutigen Naturwissenschaften viel mehr Interesse entgegen als die naturwissenschaftliche Philosophie in Kontinentaleuropa. Durch meine italienische Erziehung fühle ich mich häufig der kontinentaleuropäischen Philosophie näher als ihrem angelsächsischen Pendant, aber seitdem ich wieder in Europa arbeite, habe ich Probleme, den Dialog wiederaufzunehmen, den ich in den Vereinigten Staaten mit Wissenschaftsphilosophen aller Art geführt habe. Dennoch ist es nicht unmöglich: Ich habe sehr interessante Diskussionspartner in der Gruppe von Marisa Dalla Chiara und Federico Laudisa in Florenz gefunden, ebenso erstklassige Ansprechpartner an der École Polytechnique in Paris, wie Michel Petitot und Michel Bitbol.

Naturwissenschaftliches Denken bildet die Grundlage der Moderne. Das europäische philosophische Denken dieses Jahrhunderts sollte sich meines Erachtens dem Dialog damit nicht entziehen. Aber der Graben zwischen der humanistischen und der naturwissenschaftlichen Kultur ist keineswegs verschwunden. In der kontinentaleuropäischen Erkenntnisphilosophie, beispielsweise, erschwert die diffuse Vorstellung von der Wahrheit als einem rein diskursiven Konzept ohne Bezug zu etwas Absolutem den Kontakt mit der naturwissenschaftlichen Denkweise.

Dieses gegenseitige Misstrauen zwischen der humanistischen und der naturwissenschaftlichen Welt belastet zudem das Bild, dass sich die Gesellschaft von den Naturwissenschaften macht – ein Bild, das sich im Verlauf der letzten Jahrzehnte verschlechtert hat. Auf der einen Seite werden die Naturwissenschaften noch immer häufig als eine Ansammlung von «etablierten Wahrheiten» betrachtet, die man je nach Bedarf konsultieren oder bestaunen oder auch als technisches Rezept zur Lösung eines Problems benutzen kann. Auf der anderen Seite werden die Naturwissenschaften umgekehrt oft als Negation spiritueller Werte betrachtet, um nicht zu sagen als Bedrohung für unsere Gesellschaft oder als Fundament einer technologischen Herrschaft, als Spielwiese kurzsichtiger Experten oder – wenn die gruseligen Seiten gewisser Neuerungen betont werden – sogar als Quelle für Horrorszenarien à la Frankenstein.

Diese verqueren Vorstellungen von den Naturwissenschaften führen zu einer Verringerung ihrer Strahlkraft, und im Gegenzug gewinnt irrationales Gedankengut an Boden. Sie sind sogar im Begriff, eine Art Allianz zwischen Multikulturalismus und Wissenschaftsfeindlichkeit zu fördern, die unsere Gesellschaft zu erobern droht. In den Vereinigten Staaten, beispielsweise, dürfen die Lehrer in mehreren Staaten (im «ländlichen» Kansas, aber auch in Kalifornien) die Evolutionstheorie in der Schule nicht mehr in der korrekten wissenschaftlichen Weise lehren. Die Gesetze, die untersagen, Darwins Ergebnisse zu unterrichten, werden mit dem Kulturrelativismus gerechtfertigt: Es sei bekannt, dass die Naturwissenschaften sich täuschen können; daher sei es nicht besser, eine naturwissenschaftliche Erkenntnis zu verteidigen als eine biblische Wahrheit. Ein Präsidentschaftskandidat, der dazu Stellung nehmen sollte, meinte, er könne «nicht sagen», ob alle Lebewesen einen gemeinsamen Vorfahr hätten. Kann er denn wenigstens sagen, ob sich die Erde um die Sonne dreht oder die Sonne um die Erde? In Europa sind wir zum Glück noch nicht so weit. Dennoch sind die Spannungen groß. Vor kurzem hat auch die italienische Regierung versucht, den Kreationismus an der Schule einzuführen.

Wie im 17. Jahrhundert macht auch heute der medizinische Fortschritt den Menschen Angst; es herrscht dieselbe Art Verwirrung wie damals. Man nimmt zum Beispiel an, Seele und Identität würden in der DNA stecken und ein geklontes Kind besitze daher ein Doppel der ursprünglichen Seele! Das erinnert mich an die Zeit, als der Chirurg Christiaan Barnard in den 1960er Jahren die erste Herztransplantation vornahm. Aufgeschreckt fragten sich Zeitungen und Geistliche, ob Herr A. mit dem Herzen von Herrn B. nun weiterhin seine Frau liebe oder die Witwe von Herrn B. (denn es ist ja das Herz, das liebt). Aufgrund solcher Ammenmärchen stellen die Ärzte die Transplantation von Herzen jedoch nicht ein, auch wenn heute oft Animismus und Furcht die Oberhand gewinnen. Hoffen wir nur, dass man nicht natürliche eineiige Zwillinge zu «Teufelskindern» erklärt, weil sie dieselbe DNA teilen und daher Klone voneinander sind …

Die Investitionen in die Grundlagenforschung, jene Forschung, die «Kultur» schafft, die nach fundamentalen Erkenntnissen sucht – sie befinden sich im freien Fall. Die Gesellschaft fordert immer seltener von Wissenschaftlern, nach «Wissen» zu suchen. Sie fordert sie vielmehr auf, Produkte zu entwickeln, die sich verkaufen lassen, und natürlich Waffen.

Ich hoffe inständig, dass diese Verwirrung nicht unser Vertrauen in die Kraft des logischen, des rationalen Denkens gefährdet. Das zur Karikatur verzerrte Bild der Wissenschaft ist sicherlich auch früheren Fehlern geschuldet, aber es beschreibt eine Form der Wissenschaft, die längst an ihre Grenzen gelangt ist und die wir nicht mehr praktizieren. Die vorschnelle Begeisterung für eine «triumphierende Wissenschaft», wie sie der Positivismus im 19. Jahrhundert beschwor, ist verschwunden, vor allem infolge der Entthronung des Newtonismus und der sich anschließenden schmerzhaften Reflexion über die begrenzte Lebensdauer wissenschaftlicher Theorien.

Außerdem hat die ursprünglich antitechnologische und dann auch antiwissenschaftliche Reaktion einer gewissen kontinentaleuropäischen Philosophierichtung nur dazu beigetragen, die dumme Trennung der «zwei Kulturen» (Geistes- und Naturwissenschaften) zu unterstreichen: eine Trennung, die blind macht für die Komplexität und den Reichtum unseres Weltverständnisses.

Was also ist Naturwissenschaft?

Die größte wissenschaftliche Entdeckung des 20. Jahrhunderts ist vielleicht ganz einfach die Tatsache, dass die Wissenschaft «sich täuschen» kann. Dass die Beschreibungen der Welt, die von der Wissenschaft entwickelt werden, in einem präzisen und verifizierbaren Sinne falsch sein können. Dass es daher mehrere Lesarten der Welt geben kann und man jede Lesart nur bis zu einem gewissen Punkt für wahr halten kann.

Anfang des 20. Jahrhunderts wird deutlich, dass das Newton'sche Konzept, DAS absolute Modell einer effizienten Wissenschaft, nicht überall funktioniert. Es muss von Grund auf revidiert werden, um die neuen physikalischen Phänomene zu verstehen, denen wir von nun an begegnen. Diese erstaunliche Entdeckung hat eine Schockwelle ausgelöst, die sich durch die wissenschaftliche Gemeinschaft verbreitete. Noch größer war ihr Einfluss auf die Wissenschaftsphilosophie. Man kann sagen, dass die Wissenschaftsphilosophie das letzte halbe Jahrhundert zu einem großen Teil mit dem Versuch verbracht hat, sich an diese Entdeckung zu gewöhnen.

Nun, ich denke, dass sich gerade in der Entdeckung der Grenzen der wissenschaftlichen Darstellung der

Welt die Stärke des wissenschaftlichen Denkens äußert. Diese liegt weder in den «Experimenten» noch in der «Mathematik» oder in einer «Methode». Es ist vielmehr die Fähigkeit, sich immer wieder in Frage zu stellen, die typisch für wissenschaftliches Denken ist. Keine Furcht zu haben, die eigenen Überzeugungen immer wieder auf den Prüfstand zu stellen, selbst die allergewissesten. Der Kern der Wissenschaft ist Wandel.

Die wissenschaftliche Vorgehensweise besteht darin, ständig nach der besten Art und Weise zu suchen, die Welt zu denken. Daraus bezieht sie ihre Wirksamkeit. Das heißt jedoch nicht, dass die Antworten, die die Wissenschaft findet, immer richtig sind. Auf den Gebieten, auf denen wissenschaftliches Denken Anwendung findet, sind die wissenschaftlichen Antworten definitionsgemäß die besten, die wir bislang geben können.

Dieses Bild einer im Fluss befindlichen Wissenschaft, einer Wissenschaft, die sich in einer permanenten Umwälzung befindet und ständig zwischen Wissen und Zweifeln pendelt, immer auf der Suche und niemals zufrieden mit ihren Ergebnissen, unterscheidet sich tiefgreifend von jener, die wir im 19. Jahrhundert zurückgelassen haben. Aber die alte Vorstellung einer arroganten Wissenschaft ist in der Gesellschaft noch immer sehr lebendig, und wenn man genau hinschaut, ist sie das wahre Ziel der antiwissenschaftlichen und kulturrelativistischen Kritik. Tatsächlich ist nichts relativer in unserer Kultur als die Wissenschaft selbst. Die Wissenschaft entwickelt sich genau deshalb kontinuierlich weiter, weil sie sich der Grenzen aller Erkenntnis völlig bewusst ist. Ihre Stärke liegt in ihrem Zweifel an den eigenen Konzepten. Sie glaubt niemals hundertprozentig an ihre eigenen Ergebnisse. Sie ist sich bewusst, dass wir die Welt nur auf der fragilen Grundlage unserer Erkenntnisse erklären können, doch diese Grundlage ist in ständigem Wandel begriffen.

Man kann die gesamte Naturwissenschaft mit dem Erarbeiten einer Landkarte vergleichen. Die Karte ist nicht das Gebiet selbst, doch sie stellt die bestmögliche Repräsentation dar – besonders dann, wenn man dort reisen will. Mit nur wenigen Anhaltspunkten codiert man den größtmöglichen Teil der Welt. Ein paar Symbole, und das Ganze ergibt Sinn. Aber nichtsdestoweniger handelt es sich um eine Landkarte. Und es gibt noch andere Landkarten.

Das, was mir wirklich interessant erscheint, sind daher weniger die wissenschaftlichen Beschreibungen der Welt als ihre ständige *Weiterentwicklung.* Es sind weniger die wunderbaren wissenschaftlichen Entdeckungen als die Magie einer Art des Denkens, das in der Lage ist, seine eigenen Überzeugungen in Zweifel zu ziehen, und uns immer wieder lehrt, unser Weltbild zu ändern.

Geschichte des Raums: Anaximander

Der Wandel des Raum- und des Zeitbegriffs, um den es in diesem Buch geht, ist ein Beispiel unter vielen für die ständige Weiterentwicklung, die die Naturwissenschaften ausmacht. Diese beiden Begriffe, die für unsere Sicht der Welt grundlegend sind, sind vor nicht allzu langer Zeit von Albert Einstein revidiert worden, und sie sind noch immer im Fluss.

Diese Beweglichkeit zeichnet nicht erst die neuzeitliche Wissenschaft aus. Einstein ist nicht der Erste, der unsere Sicht der Welt grundlegend verändert hat. Er hatte viele Vorgänger, und manche von ihnen veränderten unser Weltbild in noch revolutionärerer Weise. Kopernikus und Galilei haben die Menschheit überzeugt, dass sich die Erde mit einer Geschwindigkeit von 30 Kilometern pro Sekunde um die Sonne bewegt. Faraday und Maxwell haben den Raum mit elektromagnetischen Feldern gefüllt, Darwin hat uns gezeigt, dass wir gemeinsame Vorfahren mit Marienkäfern haben …

Und diese Art des Vorgehens ist sogar noch viel älter. Meines Erachtens kann man nicht wirklich verstehen, was die modernen Veränderungen des Raumbegriffs bedeuten, wenn man sie nicht in ihren historischen Kontext stellt. Erlauben Sie mir daher, Ihnen den Anfang dieser sehr schönen Geschichte zu erzählen.

Alle antiken Zivilisationen waren der Meinung, die Welt setze sich aus zwei Teilen zusammen: aus der Erde unten und dem Himmel oben. Diese Vorstellung von der Welt findet sich bei den Ägyptern, den Hebräern, den Mesopotamiern, den Chinesen, den ersten Zivilisationen des Indus-Tals wie auch bei den Mayas, den Azteken und den nordamerikanischen Indianern. Für die gesamte Menschheit der Antike hatte der Raum daher von Natur aus ein «Oben» und ein «Unten». Die Dinge fielen nach unten. Und unter der Erde gab es noch mehr Erde, vielleicht auch eine riesige Schildkröte oder mächtige Pfeiler – auf jeden Fall etwas Solides, worauf die Erde ruht, das sie stützt und verhindert, dass sie ebenfalls «nach unten» stürzt.

Wir kennen den Namen des Menschen, der als erster diese Sicht der Welt verändert hat: Anaximander, Wissenschaftler und Philosoph, der im 6. Jahrhundert v. Chr. in Milet lebte, einer griechischen Stadt am Rand der heutigen Türkei. Er war es, der eine neue Interpretation dessen vorschlug, was wir sehen, und dem es gelungen ist, uns alle von seiner Sichtweise zu überzeugen: Der Himmel befindet sich nicht nur über der Erde, sondern setzt sich um die ganze Erde fort, also auch unter ihr – die Erde ist ein «großer Kieselstein», der im Raum treibt.

Wie kam er dazu, zu begreifen, dass die Erde ein Kieselstein endlicher Ausdehnung ist, der im Raum treibt? Durch aufmerksame Beobachtung, denn Anzeichen gab es viele. Denken wir beispielsweise an die Sonne, an den Mond und an all die Sterne, die im Westen untergingen und im Osten wieder aufgingen. Zeigten sie nicht ganz deutlich an, was sich *unterhalb* der Erde abspielen musste, damit sie ihren Kreis vollenden konnten? Anaximander hat dieselbe Intuition angewandt, die uns sagt: Wenn wir sehen, dass jemand auf der einen Seite hinter einem Haus verschwindet und anschließend an der anderen Seite wieder auftaucht, muss es einen Weg hinter dem Haus geben. Es gab noch weitere Indizien, die zwar subtil, aber sehr überzeugend waren. Beispielsweise zeigt der Schatten, den die Erde während einer Mondfinsternis auf den Mond wirft, dass sie ein endliches Objekt ist.

Nun, sagen Sie, das war ja einfach. Wirklich? Nein, das war es nicht, denn in vielen Jahrhunderten der Zivilisation hatten Millionen Menschen nicht daran gedacht. Warum war es so schwierig, auf diese Idee zu kommen? Weil sie das damalige Weltbild aus den Angeln hob.

Menschen hängen an ihren Vorstellungen und ändern sie nicht leicht. Sie glauben stets, alles zu wissen. Neue Ideen machen uns Angst, weil sie uns verwirren. Ist diese Vorstellung, dass sich die Erde auf nichts stützt, etwa nicht beunruhigend? Warum fällt sie nicht? Diese Frage wurde Anaximander zweifellos sofort gestellt, und wir kennen seine Antwort: Weil die Dinge nicht «nach unten» fallen, sondern «auf die Erde» und die Erde folglich keine spezielle Richtung hat, in die sie fallen könnte, wenn nicht in Richtung ihrer selbst. Im Lichte unseres heutigen Weltverständnisses ist auch diese Antwort Anaximanders korrekt. Aber sie ist beunruhigend: Anaximander entwirft ein völlig neues Konzept, was das Verständnis von Raum, von der Erde und von der Schwerkraft angeht, die die Körper fallen lässt. Auf der Basis seiner Beobachtungen und zu ihrem besseren Verständnis schlägt er eine neue Weltkarte vor, eine vom Konzept her andere Karte, eine grundsätzlich neue Idee der Art und Weise, wie der Raum organisiert ist. Kein Raum mehr, der in zwei Teile zerfällt, ein «Oben» und ein «Unten», sondern ein einziger Raum, der aus dem Himmel besteht, in dem die Erde treibt und auf der die Dinge auf den Erdboden fallen. Das ist ein allgemeineres und besseres Weltbild als das frühere.

Anaximander verfasste ein Buch, in dem er unter anderem diese Idee vorstellte und alle Argumente anführte, die für sie sprachen. Langsam setzte sich die Idee durch. In der folgenden Generation sprach man in der pythagoräischen Schule der griechischen Niederlassungen in Süditalien bereits allgemein von einer kugelförmigen Erde, umgeben vom Himmel. Der älteste uns bekannte Text, in dem von einer kugelförmigen Erde die Rede ist, ist der *Phaidon* von Platon, in dem diese Vorstellung als glaubhaft, aber noch nicht endgültig bewiesen dargestellt wird. In der folgenden Generation, etwas mehr als ein Jahrhundert nach Anaximander, sah Aristoteles die Vorstellung, dass eine kugelförmige Erde im Raum treibt, als Tatsache an und listete dafür zahlreiche sehr überzeugende Argumente auf. In nur wenigen Generationen ist Anaximanders kühne Idee also zum Allgemeingut geworden. Ausgehend vom antiken Griechenland, verbreiteten sich diese Ideen in der Folgezeit über die ganze Welt.

Meiner Meinung nach ist Anaximander nicht nur einer der ersten Wissenschaftler, den wir kennen, sondern auch einer der größten, den die Menschheit jemals hervorgebracht hat. Sein Vorstellungsvermögen, das ihm erlaubte, sich eine Erde auszumalen, die im Raum treibt, ohne zu fallen, ist vielleicht die erste und sicherlich eine der schönsten Illustrationen dessen, was Wissenschaft ist: die Möglichkeit, durch Beobachten und logisches Schlussfolgern unsere Weltsicht fundamental zu verändern. Die Fähigkeit, Vorstellungen und tradierte Darstellungsweisen zu hinterfragen und sie durch neue, effizientere zu ersetzen. Darin liegt die große visionäre Kraft der Naturwissenschaften, die mich schon immer fasziniert hat.

Wenn eine neue Sicht der Welt gut belegt ist, führt sie peu à peu zu einer neuen Kultur. Die Tatsache, dass sich die Struktur des Raums in der Nähe eines massereichen Körpers verändert, wird eines Tages zum Allgemeinwissen gehören, und über die Vorstellung eines starren und überall homogenen Raums wird man ebenso lächeln wie zuvor über die Vorstellung, die Erde müsse sich auf etwas stützen, um nicht zu fallen.

Im Verlauf dieser fortwährenden Rekonstruktion verändert sich die Substanz der Welt – oder besser gesagt, unsere Art und Weise, sie zu begreifen – kontinuierlich. Auch in dieser Hinsicht steht Anaximander am Ursprung dieses fabelhaften Abenteuers: Er führte zur Erklärung aller Phänomene eine Entität ein, die er *apeiron* nannte (von manchen Autoren übersetzt als «das, was keine Unterschiede aufweist, unbestimmt [undefiniert] ist», von anderen als «das Unbegrenzte»). Das ist das erste theoretische Objekt, konzipiert als «Grundbaustein» der Realität, der Urvater von Atomen, Elementarteilchen, physikalischen Feldern, Raumzeitkrümmung, Quarks, der Fäden (Strings) und der Schleifen, mit deren Hilfe wir heute ausdrücken, was wir wahrnehmen.

Dieser revolutionäre Weg, der in eine radikal andere Sicht der Welt mündete, ist daher nicht von Einstein erfunden worden; er ist typisch für die große Wissenschaft. Die besondere Rolle Einsteins bestand «lediglich» – hier übertreibe ich ein wenig – darin, die Grundlagenphysik aus einer gewissen Lethargie aufzurütteln, in die sie der immense Erfolg der Newton'schen Theorien hatte versinken lassen.

Der Raum: Relation oder Entität?

Im Gegensatz zu dem, was man glauben könnte, beschrieb die in der Zeit zwischen Aristoteles und Newton vorherrschende Meinung den Raum als etwas, das von den Dingen in der Welt gebildet und strukturiert wurde. Der Raum wurde als die Ordnung angesehen, in der die Objekte sich berühren, oder auch als die Art und Weise, in der sie miteinander in Beziehung stehen. In der wissenschaftlichen und philosophischen Tradition des Okzidents entsprach die Newton'sche Idee eines *absoluten* Raums, in dem jedes Objekt unabhängig vom anderen existieren kann, daher keineswegs der vorherrschenden Meinung über die Natur des Raums.

Um den Begriff einer Raum-Schachtel als Entität durchzusetzen, musste Newton gegen den heftigen Widerstand des Zeitgeists kämpfen. Die Opposition kam weniger von den Gelehrten der alten aristotelischen Schule als von den Verfechtern der *Scientia Nova*, der Neuen Wissenschaft, die der noch jungen kopernikanischen Revolution anhing und René Descartes als ihren gedanklichen Vorreiter sah. Die Vorstellung, die sich Descartes vom Raum machte, unterschied sich tatsächlich sehr von derjenigen Newtons und folgte direkt der okzidentalen Tradition seit Aristoteles. Wie für Aristoteles gibt es auch für Descartes keine Raum-«Entität». So gibt es zum Beispiel keinen leeren Raum. Es gibt lediglich Objekte (Kiesel, Mauern, Stühle, Luft, Wasser …). Diese Objekte können in einer Kontiguitätsbeziehung miteinander stehen (sie können sich berühren oder nicht), und diese Kontiguitätsbeziehung legt eine Ordnung zwischen den Objekten fest, eine Ordnung, die den Raum bildet. Beispielsweise definiert Descartes den Ort eines Objekts als die Innengrenze der Menge aller angrenzenden Objekte – eine Art «Hohlposition», definiert durch die direkten Nachbarn, sodass die Position von A durch B definiert wird und umgekehrt. Ebenso ist die Bewegung eines Objekts A Descartes zufolge als Übergang der Lagebeziehung (von A) zu Objekt B auf die Lagebeziehung zu einem anderen Objekt C zu verstehen. Von der Bewegung eines isolierten Objekts lässt sich daher nicht sprechen.

Im Gegensatz dazu geht Newton davon aus, dass die Objekte alle im Raum ihren Platz haben. Dieser hat eine ihm eigene Struktur, welche nichts mit den Objekten zu tun hat, die sich dort befinden oder auch nicht befinden. Ein Objekt bewegt sich, wenn es von einem Punkt im Raum zu einem anderen Punkt im Raum gelangt. Nach der ersten, der aristotelisch-cartesischen Interpretation des Raums ist der Raum keine Entität, sondern eine *Relation zwischen Dingen*. Nach der zweiten, der Newton'schen Definition ist der Raum eine *Entität*, die auch dann existiert und eine Struktur hat, wenn sich keine Objekte darin befinden.

Ist die Wahl zwischen diesen beiden Möglichkeiten ein naturwissenschaftliches oder doch eher ein philosophisches Problem? Meiner Meinung nach handelt es sich um ein naturwissenschaftliches Problem, aber nicht in dem Sinn, dass die Naturwissenschaft die «richtige» Sicht des Raums wiedergeben würde. Die Rolle der Naturwissenschaft besteht darin zu verstehen, welche der beiden Sichtweisen des Raums sich besser dazu eignet, die Welt in möglichst effizienter Weise zu denken. Genau das steht im Zentrum, wenn es um das Problem der Wahrheit wissenschaftlicher Aussagen geht. Newton beschäftigt sich in seinem Hauptwerk, den *Principia Mathematica*, mit der Natur des Raums, deren erster Teil dieser Frage gewidmet ist. Seine Lösung setzt sich schließlich durch, weil er eine auf seiner Raumvorstellung basierende Beschreibung formuliert, die unglaublich gut funktioniert.

Erinnern Sie sich an die Gleichung, die Sie auf der Schule gelernt haben: $F = ma$, wobei F für Kraft steht, m

für Masse und *a* für Beschleunigung. Diese Gleichung bildet die Grundlage der gesamten Newton'schen Mechanik. Dazu muss man jedoch die Beschleunigung messen können. Aber Beschleunigung ist ein Maß für Bewegung. Bewegung im Bezug worauf? In Relation zum absoluten Raum, in dem die Bewegung stattfindet. Damit die Theorie funktioniert, ist es *unabdingbar,* dass man sagen kann, ob ein Objekt, absolut gesehen, beschleunigt oder nicht beschleunigt wird. Aus Newtons Sicht versteht sich die Beschleunigung in Bezug auf eine «Raum»-Entität, während dieser Begriff einer absoluten Beschleunigung für einen Aristoteliker / Cartesianer keinen Sinn ergibt, da man nicht sagen kann, ob sich ein Objekt bewegt, ohne es mit einem anderen Objekt zu vergleichen.

Newtons Konstruktion funktioniert so gut, dass wir sie bis heute benutzen, um Häuser und Brücken zu bauen, Flugzeuge fliegen zu lassen und viele weitere technische Aufgaben zu lösen. Die alte aristotelisch / cartesianische Idee vom Raum als Relation und die Kritik der Idee vom Raum als Entität wurden von Denkern wie Leibniz, Berkeley und Mach weitergetragen. Über sie ist diese Idee zu Einstein gelangt, der sie zur Grundlage seiner Allgemeinen Relativitätstheorie machte.

Die philosophische Debatte um das Konzept vom Raum als Entität oder als Relation wurde über Jahrhunderte geführt. Sie hat Wissenschaftler wie Newton und Einstein mit Stoff zum Nachdenken und Inspirationsmaterial versorgt, und sie hat ihr Potenzial noch nicht ausgeschöpft. Heute, denke ich, müssen wir erneut über dieses Problem nachdenken, wenn wir die Quanteneigenschaften der Schwerkraft verstehen wollen. Eine vollständige Theorie der Quantengravitation lässt sich wahrscheinlich nicht formulieren, ohne die Newton'sche Vorstellung vom Raum als Entität völlig aufzugeben. Nur das Gravitationsfeld existiert, ebenso wie die anderen Felder. Im Fall der Quantengravitation sind die Schleifen die Quanten des Gravitationsfelds, und ihre gegenseitigen Beziehungen bilden den Raum.

Aber was wissen wir denn nun tatsächlich?

Das Fundament der Wissenschaft ist daher das kritische Denken: die feste Überzeugung, dass unsere Sicht der Welt stets unvollständig, subjektiv, ungenau, eng und vereinfachend ist. Wir müssen immer nach einem umfassenderen Verständnis streben. Danach, Horizonte zu öffnen. Eine breitere Perspektive zu finden. Das ist weder bequem noch naheliegend, denn in gewisser Weise sind wir Gefangene unserer Gedanken. Es ist unmöglich, aus unserem eigenen Denken «auszusteigen». Man kann das eigene Denken nicht von außen betrachten und modifizieren. Stattdessen müssen wir von innen heraus an unseren Irrtümern arbeiten, um herauszufinden, *wo* wir uns gerade irren. Das ist, als versuche man sein Boot umzubauen, während man sich auf dem Wasser befindet. Naturwissenschaften zu betreiben, das ist ein ständiges Bemühen, unser eigenes Denken neu auf- und umzubauen, während wir gerade im Begriff sind zu denken.

Keine andere Form des menschlichen Wissens erlaubt so zuverlässige *Vorhersagen* wie die Naturwissenschaften. Wenn Astronomen uns versichern, es werde nächsten Monat eine Sonnenfinsternis geben, können wir darauf wetten, dass sie recht haben. Natürlich wäre es möglich, dass sich in der Zwischenzeit ein Neutronenstern mit annähernd Lichtgeschwindigkeit nähert und den Mond zerstört, aber das ist höchst unwahrscheinlich.

Immerhin sind sämtliche naturwissenschaftlichen Theorien irgendwann durch bessere und effizientere

Theorien ersetzt worden. Die Effizienz des ptolemäischen Modells, beispielsweise, ist wirklich verblüffend: Auch heute noch können wir Ptolemäus' vor neunzehn Jahrhunderten verfasstes Buch aufschlagen und seine Tabellen und seine Geometrie benutzen, um die Position der Venus am Himmel im nächsten Monat vorherzusagen. Dennoch wissen wir, dass die Welt durch die von Ptolemäus verwendeten «Epizykel» und «Deferenten» nicht gut beschrieben ist. Noch erstaunlicher ist der Erfolg der Newton'schen Theorie, die unsere Ingenieure tagtäglich gebrauchen, um Brücken und Flugzeuge zu konstruieren. Dennoch hat auch sie sich in den letzten Feinheiten als falsch erwiesen.

Können wir mit dieser Unvollkommenheit leben? Auf welches Wissen können wir vertrauen? Können wir uns jemals sicher sein, dass das, was uns die Naturwissenschaften über die Welt sagen, wahr ist? Man kann darauf hoffen, dass eines Tages eine «endgültige» Theorie formuliert wird, die endlich bis ins letzte Detail exakt ist. Aber diese Hoffnung erscheint mir vergebens oder zumindest verfrüht: Der Umfang dessen, was wir noch nicht wissen, ist riesengroß, und die offenen Probleme in der theoretischen Physik sind so grundlegend, dass ich das Ende des Weges nicht für nahe halte.

Nun, warum sollte man der Wissenschaft glauben? Nicht, weil sie uns Dinge sagt, die sicherlich wahr sind, sondern weil ihre Antworten die besten sind, die wir momentan geben können. Und das beinahe per definitionem: Wenn eine bessere Antwort auftaucht, dann wird sie zur «wissenschaftlichen Antwort». So war die Newton'sche Physik bis zum 20. Jahrhundert DIE Physik. Aber da Einstein eine bessere Theorie entwickelt hat, in der der Raum gekrümmt ist, die Zeit variabel und das Licht aus Photonen besteht, sehen wir die Entthronung des Newtonismus nicht als Ende der Wissenschaft an. Vielmehr halten wir Einstein für einen bemerkenswerten Wissenschaftler.

Wenn die traditionelle tibetische Medizin lehrt, dass eine bestimmte Pflanze, eine bestimmte Methode oder ein bestimmtes Verhalten des Arztes die Genesung fördert und wenn sich die Wirkung dieser Betreuung empirisch bestätigt, wird dieser Aspekt der tibetischen Medizin ein integraler Teil der «wissenschaftlichen» Medizin. Zahlreiche Medikamente stammen daher nicht aus dem westlichen Kulturkreis und haben von außen Eingang in anerkannte Therapien gefunden.

Das naturwissenschaftliche Denken ist sich unserer Unwissenheit bewusst. Ich würde sogar so weit gehen zu sagen, dass das naturwissenschaftliche Denken das

Bewusstsein für den Umfang unserer Unwissenheit und die dynamische Natur des Wissens IST. Es ist der Zweifel und nicht die Sicherheit, was uns voranbringt. Das ist tatsächlich ein wichtiges Erbe, das wir Descartes verdanken. Wir können der Naturwissenschaft vertrauen – nicht etwa, weil sie uns Sicherheiten bietet, sondern weil sie es nicht tut.

Ich weiß nicht, ob der Raum *tatsächlich* gekrümmt ist, wie die Allgemeine Relativitätstheorie sagt, aber ich kenne momentan keine andere Weise, mir die physikalische Welt besser vorzustellen, als anzunehmen, dass der Raum tatsächlich gekrümmt ist. Andere Weltbilder tragen der Komplexität der Welt nicht so gut Rechnung wie die Allgemeine Relativitätstheorie.

Die Obsession der Naturwissenschaft, jede Wahrheit in Zweifel zu ziehen, führt jedoch weder zum Skeptizismus noch zum Nihilismus oder zu einem radikalen Relativismus. Nur durch Anerkennung von Fakten kann sich unser Fachwissen weiterentwickeln. Dass die Wahrheit ungewiss ist, heißt nicht, dass es unmöglich ist, sich zu einigen. Tatsächlich ist die Naturwissenschaft genau der Prozess, durch den man zur Einigung gelangt.

Außerdem gründet sich dieses Abenteuer nicht allein auf die Rationalität. Diese ist nötig, um die Vorgehensweise zu formalisieren. Aber am Anfang aller großen Entdeckungen steht die Intuition. Die Naturwissenschaft entspringt einem Traum, und wenn sie sich bestätigt und bessere Erklärungen liefert als andere Träume, wird sie zum gemeinsamen Traum aller.

Als ich klein war und Fragen über die Wolken stellte, erzählte mir mein Vater, sie seien Schiffe, die über den Himmel segeln. Später erklärte er mir, sie bestünden aus Wassertröpfchen, die in der Luft schweben, und das veränderte mein Bild von Wolken vollständig. Aber kann man sagen, dass eine Sichtweise die andere verdrängt hat? Nein, ich würde vielmehr sagen, dass sie nebeneinander existieren und sich gegenseitig bereichern. Wolken als meteorologisches Phänomen zu sehen, ist kein Hinderungsgrund, sie auch mit den Augen eines Dichters zu betrachten.

Die Naturwissenschaften sind durch eine fortschreitende Verfeinerung der Art und Weise gekennzeichnet, nach Antworten zu suchen, aber es gäbe sie nicht ohne diese unstillbare Sucht, Fragen zu stellen, eine Leidenschaft, die man schon häufig bei vierjährigen Kindern findet. Naturwissenschaft beginnt nicht erst auf der Universität – sie wurzelt in dieser Neugier und diesem Wissensdurst, der uns von Kindesbeinen an erfüllt. Mit vier Jahren fürchten wir uns nicht, unsere Vorurteile fallen zu lassen und unsere Weltsicht zu verändern, und wir lernen sehr schnell.

Die ganze Gesellschaft kann ständig dazulernen, wenn sie sich nicht scheut, von ihren unzähligen Vorurteilen Abschied zu nehmen. Diese Suche ist ein Abenteuer, das niemals endet. Vielleicht ist es das größte Abenteuer in der Geschichte der Menschheit.

5 DIE SCHLEIFEN: RAUMKÖRNCHEN, SPIN-NETZWERKE, DIE KOSMOLOGIE DES URKNALLS UND DIE WÄRME SCHWARZER LÖCHER

In den Jahren, in denen ich in den Vereinigten Staaten lebte, kehrte ich jeden Sommer nach Italien zurück, und oft begleiteten mich Abhay Ashtekar oder Lee Smolin oder auch beide. Sie waren inzwischen meine Freunde und wichtigsten Kollegen geworden, und wir nutzten diese Ferien in Italien, um gemeinsam zu arbeiten.

Bei diesen Aufenthalten in Italien gelangen uns etliche Fortschritte bei der Entwicklung unserer Theorie. So wurde uns beispielsweise damals, als wir gemeinsam in Trient waren, klar, wie man den makroskopischen Raum mit Hilfe einer großen Zahl von Schleifen beschreiben kann. Ebenfalls in Trient begriffen wir nach einer Berechnung, die zu keinem Ergebnis führte, dass die Schleifen nicht unendlich klein waren, wie wir zunächst angenommen hatten: Sie waren winzig, aber doch endlich groß.

Es gab darüber hinaus einen seltsamen Aspekt der Theorie, den wir einfach nicht verstanden. Aus mathematischer Sicht sollten diese Schleifen, die den Raum schufen, Verbindungen aufweisen: An manchen Punkten überschneiden sie sich. Wenn wir uns nochmals Abbildung 3 und die miteinander verknüpften Ringe anschauen, können wir uns vorstellen, dass jeder Ring Überschneidungen mit seinen Nachbarn aufweist, als ob das Netzwerk gespannt und alle Kontaktpunkte zusammengeschweißt wären. Die Ringe sind nicht mehr verflochten, sondern verknüpft. Wir verstanden einfach nicht, was diese Überschneidungen darstellten.

Spin-Netzwerke

In den 1990er Jahren, während eines Besuchs von Lee in Verona, benutzten wir eine ganz klassische Berechnungsmethode. In der Quantenmechanik sind, wie bereits erwähnt, viele Größen «quantisiert». Das heißt, sie können nicht jeden beliebigen Wert annehmen, sondern lediglich bestimmte diskrete Werte. Um die Werte zu berechnen, die eine physikalische Größe annehmen darf, benutzt man eine Methode, die als «Berechnung des Spektrums eines Operators» bezeichnet wird. Was uns betrifft, so interessierten wir uns für eine ganz bestimmte physikalische Größe: das *Volumen*.

Was ist das eigentlich, ein Volumen? Darunter versteht man ein Maß für Raumgröße. Das Volumen eines Objekts ist die Menge an Raum, den dieses Objekt enthält; man spricht auch von «Rauminhalt». Aber da der Raum zum Gravitationsfeld geworden ist, misst das Volumen das Gravitationsfeld. Und da es um eine Quantentheorie geht, ist die Wahrscheinlichkeit groß, dass das Volumen diskontinuierliche Werte aufweist, dass es also Volumen-«Körnchen» gibt.

Die Berechnungen erwiesen sich als kompliziert. Es gelang uns, die Probleme zu lösen, und das verdanken wir vor allem einem großen englischen Physiker, Roger Penrose. Wir beschlossen, ihn um Rat zu fragen, denn wir stellten fest, dass unsere Berechnungen zu mathematischen Objekten führten, die Roger zwanzig Jahre zuvor untersucht und Spin-Netzwerke (*spin networks*) genannt hatte.

Ergebnis der Berechnung: Das Volumen ist tatsächlich eine nicht kontinuierliche Variable, und daher besteht der Raum aus Volumenquanten oder Raumkörnchen. Nun aber stellten wir fest, dass sich diese Raumquanten genau an den Schnittstellen der Schleifen befanden. Die mysteriösen Schnittstellen, die in unseren Berechnungen auftauchten, waren genau die Räumkörnchen, die wir suchten.

Diese Ergebnisse haben unsere anfängliche Darstellung verändert. Die Schnittstellen sind wichtiger geworden als die Faraday-Linien des Felds. Wir sprechen nicht länger von einer Gesamtheit von Schleifen mit Schnittpunkten, sondern vielmehr von einem Ensemble von Punkten, den besagten Schnittstellen, die miteinander durch Verbindungslinien verknüpft sind, das heißt von einem *Netzwerk*. Die Schleifen existieren nach wie vor: Sie verbinden mehrere Punkte durch eine in sich geschlossene Faraday-Linie. Jeder Punkt gehört auch zu mindestens zwei, wenn nicht mehreren anderen Schleifen, was impliziert, dass die Schleifen nicht nur Punkte, sondern auch Abschnitte zwischen zwei Punkten gemeinsam haben können. Daher kann man auf ein und derselben Verbindungslinie, die von einem Schnittpunkt zum anderen verläuft, auf mehr als eine einzige Faraday-Linie treffen. Die Zahl der Faraday-Linien, zu denen dieselbe Verbindungslinie gehört, ist eine ganze Zahl, die man als *Spin* der Verbindungslinie bezeichnet. (Aus komplizierten historischen Gründen halbiert man diese Zahl jedoch, was zu Werten wie $^{1}/_{2}$, 1, $^{3}/_{2}$, 2, $^{5}/_{2}$ … führt.) Jede Verbindung ist durch ihren Spin charakterisiert, das heißt durch die Zahl der unterschiedlichen Schleifen, die durch diese Verbindung laufen. Daher der Name *Spin-Netzwerk*.

Das resultierende Bild des Quantenraums ist überraschend: Die Knoten des Spin-Netzwerks sind die Raumkörnchen, und die Verbindungslinien, die die Punkte miteinander verknüpfen, repräsentieren die räumlichen Beziehungen zwischen ihnen. Tatsächlich gibt der Spin einer jeden Verbindungslinie die Zahl der Schleifen an, die sie durchlaufen, und beschreibt daher, welche Körnchen sich in Kontakt mit welchen anderen Körnchen befinden. Das ist in Abbildung 5 illustriert.

Wie bereits gesagt, liefert die Berechnung des «Volumenspektrums» beobachtbare Volumenwerte, das heißt ganz bestimmte Zahlen. In derselben Weise lässt sich die Größe einer Fläche berechnen. In diesem Fall berechnet man das «Flächenspektrum» und erhält eine Menge von Zahlen, die die möglichen Ergebnisse beim Vermessen einer Fläche darstellen. Daher sagt die Theorie der Schleifenquantengravitation auch voraus, dass wir, wenn wir eine Fläche genau vermessen, als

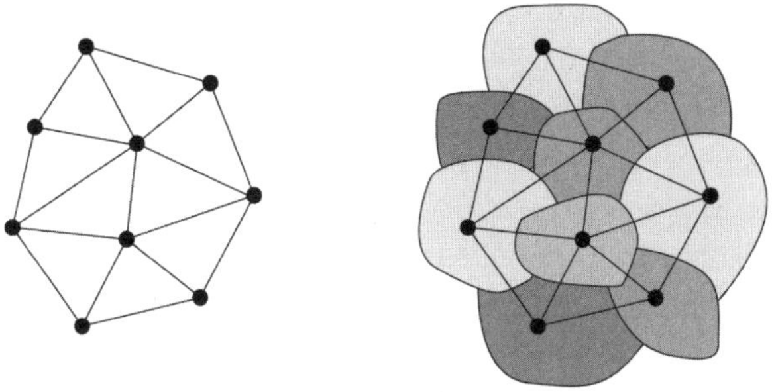

Abbildung 5. Ein «Spin-Netzwerk» (links), gebildet aus den Faraday-Linien des Gravitationsfelds; jedes Liniensegment gehört zu einer oder mehreren Schleifen, die mehrere Punkte verbinden: Die Schnittpunkte sind die «Knoten» des Netzes. Diese stellen die «Raumkörnchen» dar (symbolisiert durch ausgedehnte Gebilde rechts). Die Verbindungslinien des Netzes stellen die Nachbarschaftsbeziehungen zwischen den Raumkörnchen dar.

Ergebnis nicht irgendeine Zahl erhalten, sondern nur eine der Zahlen, die auf der durch die Berechnung des Spektrums erhaltenen Liste stehen.

Wenn wir sagen, dass das *Volumen* einer Schachtel einen Kubikmeter beträgt, zählen wir in Wirklichkeit, wie viele «Quanten des Gravitationsfelds» (wie viele Schnittstellen des Spin-Netzwerks) es in der Schachtel gibt. Die Quanten sind offensichtlich sehr klein. In einer Schachtel von einem Kubikmeter Inhalt entspricht ihre Anzahl einer Dezimalzahl mit hundert Stellen.

In gleicher Weise gilt: Wenn wir erklären, dass die Fläche einer Seite in diesem Buch, sagen wir, 200 Quadratzentimeter beträgt, bestimmen wir in Wirklichkeit die Zahl der Verbindungslinien des Netzwerks oder die Zahl der elementaren Schleifen, die über die Seite laufen. Für eine Seite dieses Buches ergäbe das eine Zahl mit rund 70 Stellen. Das zeigt Abbildung 6. (Natürlich handelt es sich nicht um eine reale Seite, sondern um eine theoretische Fläche von derselben Größe wie diese Seite, denn die Schleifen sind viel kleiner als die Stärke des Papiers, und man kann sie daher nicht zählen.)

Unsere heutige Technologie reicht nicht aus, um diese Vorhersagen zu verifizieren, denn die Messgenauigkeit einer Fläche oder eines Volumens ist noch weit von der Größenordnung einer Schleife entfernt. Aber es ist sehr wichtig, dass die Theorie präzise Vorhersagen liefert und wenigstens im Prinzip verifizierbar ist. Wenn sie das nicht wäre, wäre sie keine wissenschaftliche Theorie. Bis heute ist die Theorie der Schleifengravitation die einzige Theorie der Quantengravitation,

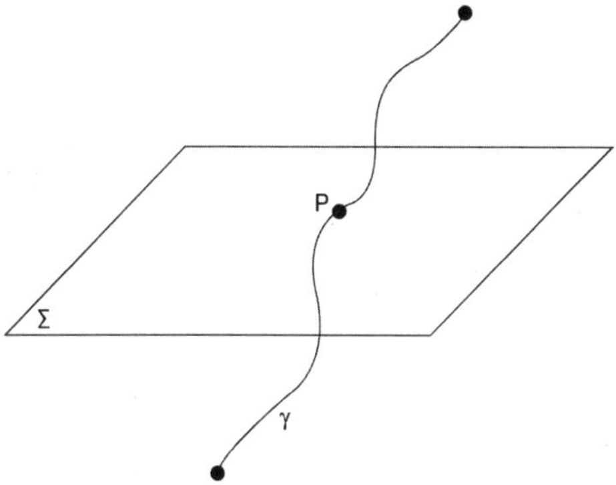

Abbildung 6. Eine Fläche Σ wird von einer Schleife (von der nur ein Segment dargestellt ist) im Punkt P durchstoßen. Die Größe der Fläche ist durch die Anzahl Schleifen bestimmt, die sie durchquert. Eine Fläche, die einer Seite dieses Buches entspricht, wird von rund 10^{70} Schleifen durchquert, das heißt, es handelt sich um eine Zahl mit 70 Stellen.

die eine Reihe eindeutiger und ausformulierter Vorhersagen macht, welche sich überprüfen lassen.

Die Spin-Netzwerke liefern eine präzise mathematische Beschreibung der Quantenstruktur des Raums. Genauer gesagt: Da es um Quantenmechanik geht – und damit um Wahrscheinlichkeiten –, ist die Theorie in Form von Wahrscheinlichkeitswolken formuliert, die mit diesen Spin-Netzwerken verknüpft sind. Man muss sich vorstellen, dass diese Spin-Netzwerke, die die Welt bilden, fluktuieren, schwingen und ein wenig wie die weißen und schwarzen Punkte eines Analogfernsehers ohne Antenne durcheinanderwuseln, und die Mathematik der Theorie beschreibt diese heftige Bewegung der Spin-Netzwerke.

Ein sehr überraschender Aspekt dieser Geschichte ist, dass Roger Penrose diese Spin-Netzwerke allein durch seine Vorstellungskraft «erfunden» hat, als er zu beschreiben versuchte, wie ein quantisierter Raum aussehen könnte. Und – siehe da – plötzlich ergeben sich eben diese Spin-Netzwerke als Konsequenz der Kombination von Allgemeiner Relativitätstheorie und Quantentheorie.

John Wheeler

Die intuitive Vorstellung eines Raums, der auf einer sehr kleinen Längenskala nicht mehr kontinuierlich ist, wurde bereits in den 1960er Jahren von John Wheeler diskutiert, einem der beiden Autoren der Wheeler-DeWitt-Gleichung. Die Schleifentheorie ist eine präzise mathematische Konkretisierung dieser Idee. Daher war ich sehr bewegt, als sich John Wheeler, der große Mann und Veteran der Quantengravitation, in einem Brief begeistert von unseren Ergebnissen zeigte und mich nach Princeton einlud, um unsere Theorie vorzustellen.

In seiner Jugend hat John Wheeler mit Niels Bohr zusammengearbeitet, einem der Giganten der Physik zu Beginn des 20. Jahrhunderts. Er hob mit ihm die Quantenmechanik aus der Taufe, bevor er sich anschließend der Kernphysik zuwandte, und gehört zu den Schöpfern eines der ersten Modelle des Atomkerns. Die Kriegsjahre verbrachte er in den Vereinigten Staaten, wo er eine wichtige Rolle bei den tragischen Ereignissen im Zusammenhang mit der Atombombe spielte. Das galt auch für den Entschluss, einen Brief an Roosevelt zu verfassen, um den Präsidenten dazu zu bewegen, eine Atombombe zu bauen, denn die Wissenschaftler fürchteten, die Deutschen könnten allen anderen zuvorkommen – eine Befürchtung, die sich später als unberechtigt herausstellen sollte. Nach dem Zweiten Weltkrieg arbeitete Wheeler an der Gravitation und wurde zum wichtigsten Mitarbeiter Einsteins. Er war es auch, der die so populäre Bezeichnung «Schwarzes Loch» prägte. Wheeler hat eine

Menge wichtiger Ideen formuliert, auf denen die Erforschung der Quantengravitation aufbaut. Er schlug vor, die Raumzeit auf der kleinsten Längenskala als eine Art fluktuierenden Schaum (einen Raumzeit-Schaum) anzusehen. Zusammen mit Bryce DeWitt, einem großen amerikanischen Wissenschaftler, formulierte er die berühmte Gleichung, die zur Grundlage der Quantengravitation werden sollte. Zu seinen Schülern gehörte Richard Feynman, der vielleicht größte Physiker der zweiten Hälfte des 20. Jahrhunderts. Kurz gesagt, Wheeler hat für die Entwicklung der modernen Physik eine entscheidende Rolle gespielt. Vielleicht können Sie sich vorstellen, wie tief berührt ich war, als ich diesen Brief erhielt!

Schon bei meiner Ankunft besuchte mich Wheeler in dem *Bed and Breakfast*, in dem ich mich eingemietet hatte. Wir frühstückten zusammen, dann unternahmen wir einen langen Spaziergang über den Campus. Ich erklärte ihm die Ergebnisse unserer Berechnungen, während er mir von seinen außerordentlichen Erinnerungen erzählte: Bohr, die Atombombe … «Weißt du, Carlo», meinte er, «als Einstein zum ersten Mal nach seiner Flucht aus Nazi-Deutschland hierherkam, habe ich ihn wie dich eben frühmorgens aufgesucht, und wir sind dieselben Wege entlanggegangen …» Warum ruft selbst die indirekte Nähe von Menschen, die tiefe Spuren in unseren Gedanken hinterlassen haben, solche Emotionen in uns hervor? Natürlich sind es Menschen wie alle anderen, mit ihren Stärken und Schwächen, aber die Faszination, die wir für ihre Ideen empfinden, verleiht ihnen eine unvergleichliche Aura. Sie haben Wege eröffnet, denen zu folgen unser Vorrecht ist, und das erweckt unsere Bewunderung, Dankbarkeit und Zuneigung.

John sprach mit leiser Stimme. Er war alt und geschwächt, aber seine innere Energie war ungebrochen. Er verteidigte seine Beteiligung an dem schrecklichen

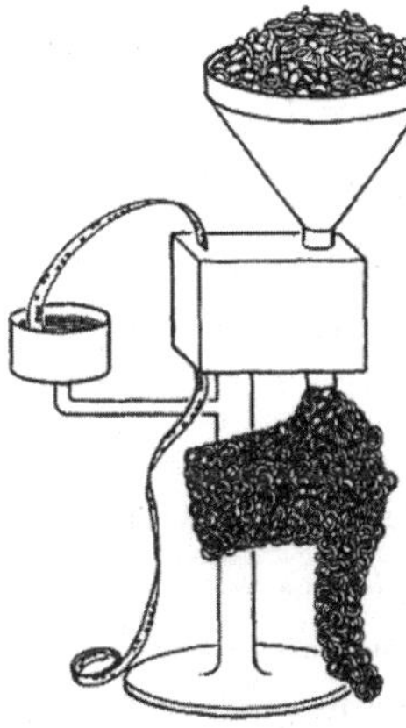

Abbildung 7. Skizze der «Zehn Millionen Ringe, die die Raumzeit bilden könnten» in dem 1970 veröffentlichten Buch «Gravitation» von Misner, Thorne und Wheeler, die John Wheeler mir während meines Besuchs zeigte.

Abenteuer der Atombombe gegen meine radikal pazifistischen Einwände. Als ich ihm mein Bild der Raumstruktur zeigte (Abbildung 3 auf Seite 58), lächelte er wie ein Kind und suchte anschließend nach einem sehr ähnlichen Bild, das er vor langer Zeit für eines seiner Bücher gezeichnet hatte (Abbildung 7). Es machte ihn sehr glücklich, eine erfolgreiche Theorie zu seiner Idee zu finden, die er viele Jahre zuvor intuitiv formuliert hatte.

Die Theorie testen?

Heute wird die Schleifenquantengravitation von mehreren hundert Wissenschaftlern in der ganzen Welt erforscht, die sie in verschiedenen Richtungen weiterentwickelt haben. Die Theorie findet auf ganz unterschiedlichen Gebieten Anwendung; beispielsweise dient sie in der Kosmologie zur Untersuchung des Urknalls (Big Bang) – der allerersten Augenblicke des Universums – oder der Eigenschaften Schwarzer Löcher, insbesondere ihrer thermischen Eigenschaften.

Die Anwendung der Schleifentheorie auf Schwarze Löcher lässt eine seltsame Entdeckung, die in den

1960er Jahren von Stephen Hawking gemacht wurde, in einem neuen Licht erscheinen. Hawking ist berühmt dafür, dass es ihm gelingt, seine wissenschaftliche Arbeit fortzuführen, obwohl ihn eine schwere Krankheit an den Rollstuhl fesselt und er nur mittels eines Computers kommunizieren kann. Zu seinen wichtigsten Resultaten gehört die theoretische Entdeckung, dass Schwarze Löcher «warm» sind, das heißt, dass sie sich genau wie warme Körper verhalten: Sie emittieren Wärmestrahlung einer bestimmten Temperatur. Das Phänomen ist inzwischen als Hawking-Strahlung oder auch als «Verdampfen» eines Schwarzen Lochs bekannt, denn durch Abgabe von Wärme verliert das Schwarze Loch Energie und «verdampft» ganz allmählich.

Körper sind warm, weil sich ihre mikroskopischen Bestandteile in Bewegung befinden. Ein Stück heißes Eisen ist ein Stück Eisen, in dem die Eisenatome rasch um ihre Gleichgewichtsposition schwingen. Die Oberfläche eines Schwarzen Lochs besteht aber nicht aus Materie. Wenn ein Schwarzes Loch also warm ist, worum handelt es sich dann bei diesen «Atomen» oder Elementarteilchen, die vibrieren können?

Die Schleifentheorie hält eine Antwort parat. Die elementaren «Atome» eines Schwarzen Lochs, die vibrieren und für seine Temperatur verantwortlich sind, sind genau die individuellen Schleifen, die sich an der Oberfläche eines Schwarzen Lochs befinden. Mit Hilfe der Schleifentheorie lassen sich Hawkings Resultate verstehen und als mikroskopische «Vibrationen» der Schleifen deuten. Das ist ein wichtiger Test für die Stimmigkeit der Schleifentheorie. Aber es ist noch kein echter experimenteller Test.

Lange Zeit glaubte man, dass jede Möglichkeit einer wirklichen experimentellen Bestätigung außerhalb unserer Möglichkeiten liege. Inzwischen sind jedoch mehrere Ideen aufgetaucht, die es erlauben würden, die Theorie zu testen, indem man indirekte Konsequenzen der Körnigkeit des Raums untersucht.

Eine Idee, die in Betracht gezogen wurde, wenn auch ohne Erfolg, schaut so aus: Wenn die Struktur des Raums granulär ist, könnte dies Auswirkungen auf die Ausbreitung des Lichts haben: Strahlung unterschiedlicher Wellenlänge, die den gekörnten Raum passiert, müsste sich im Prinzip mit leicht unterschiedlicher Geschwindigkeit ausbreiten (wie in einem Kristall wird das Licht gestreut: Rot pflanzt sich etwas schneller fort als Blau, und das rote Bild kommt etwas früher an). Der Effekt ist winzig, summiert sich aber über die gesamte Wegstrecke. Man müsste ihn bei Lichtstrahlen entdecken können, die von sehr weit entfernten Galaxien kommen. Um diese Vorhersagen testen zu können, bedarf es einer extrem hohen Messgenauigkeit.

Der eigentliche Punkt ist jedoch, dass die Schleifentheorie gar keinen derartigen Effekt produziert, denn er würde eine Symmetrie der Natur verletzen, die man als «lokale Lorentz-Invarianz» bezeichnet. Genaue Berechnungen haben gezeigt, dass es diese Symmetriebrechung im Rahmen der Theorie nicht geben kann. Parallel dazu haben Messungen kosmischer Strahlung bestätigt, dass es bei der Lichtausbreitung keine Symmetriebrechung gibt: Selbst bei Licht, das von sehr weit her kommt, treffen die verschiedenen Farben gleichzeitig ein. Dieses Ergebnis unterstützt die Theorie daher, ist aber ein wenig enttäuschend: Die Theorie sagt voraus, dass man nichts sieht, und man sieht tatsächlich nichts.

Andererseits ist es interessant, dass sich mit derartigen Messungen auch sehr kleine Größenordnungen untersuchen ließen: Hätte es einen Effekt gegeben, hätte man ihn beobachten können. Das Beispiel gibt uns Hoffnung, dass es in der Zukunft möglich sein wird, Effekte nachzuweisen, die von Phänomenen auf der Planck-Skala hervorgerufen werden, das heißt auf der

Größenskala der elementaren Schleifen des Quantengravitationsfelds.

Die Konsequenzen der Theorie, bei denen die Chancen für eine Überprüfung am besten sind, liegen auf einem anderen Gebiet: der Kosmologie. Die Anwendung der Schleifentheorie auf die Kosmologie hat in den letzten Jahren einen enormen Aufschwung genommen und gehört zu den aktivsten Forschungsgebieten überhaupt.

Die Kosmologie des Urknalls

In den letzten dreißig Jahren hat die Kosmologie beeindruckende Fortschritte gemacht. Wir wissen inzwischen viel über die Geschichte des Universums und seine Expansion und lernen immer mehr dazu. Im Jahr 1998 wurde entdeckt, dass das Universum sich nicht nur ausdehnt; diese Ausdehnung findet zudem beschleunigt statt: Das Universum vergrößert sich immer schneller. Diese beschleunigte Ausdehnung wird oft dem Wirken einer mysteriösen «dunklen Energie» zugeschrieben, aber das darf man nicht ganz ernst nehmen. Die Beschleunigung wird schon in der klassischen Theorie von Einstein beschrieben, wenn man einen Term in der Gleichung berücksichtigt, die sogenannte kosmologische Konstante. Einstein hatte gezeigt, dass es diesen Term gibt, ohne dass dieser bis zur Entdeckung der beschleunigten Expansion ernst genommen worden wäre (auch nicht von Einstein selbst). Nach unserem gegenwärtigen Wissensstand stellt sich die Zukunft des Universums demnach offenbar als fortwährendes Auseinanderstreben von Galaxien dar, die sich immer schneller voneinander entfernen.

Das andere Ende der Geschichte des Universums, sein Anfang, birgt das dunkelste Geheimnis. Und auf diesen Anfang kann die Theorie der Schleifenquantengravitation Licht werfen. Direkt nach dem Urknall war das Universum winzig klein; man kann sagen, dass es damals nur aus einigen wenigen Raumkörnchen bestand. Diese ursprünglichen Körnchen könnten Spuren in der gegenwärtigen Struktur des Universums hinterlassen haben, vor allem in der kosmischen Hintergrundstrahlung, die sehr präzise gemessen worden ist und die uns sehr viel Information über die Struktur des Universums liefern kann. Es ist unmöglich, die frühe Entwicklung des Universums mittels eines kontinuierlichen Raums als Modell darzustellen, wie man es näherungsweise tun kann, wenn das Universum groß ist. Man muss die Körnigkeit (Granularität) ausdrücklich in Betracht ziehen, und dazu kann man die Schleifentheorie benutzen. Auf diese Weise erhält man eine Beschreibung der Augenblicke direkt nach dem Big Bang und sogar vom Big Bang selbst.

Wenn man bis zum Big Bang zurückspult, funktionieren die Gleichungen der Einstein'schen Allgemeinen Relativitätstheorie nicht mehr, denn sie alle ergeben eine Reihe unendlich großer Werte, was eine Berechnung unmöglich macht. Ohne eine Theorie der Quantengravitation kann man nichts darüber sagen, was sich im Augenblick des Urknalls ereignete. Wenn man versucht, das, was sich in diesem Moment im Universum abspielte, mit der Wheeler-DeWitt-Gleichung zu berechnen, stößt man auf dieselben Unstimmigkeiten wie in der klassischen Theorie Einsteins: Die zeitliche Entwicklung kommt beim Urknall zum Stillstand, und die Gleichungen ergeben keinen Sinn mehr. Im Gegensatz dazu funktionieren die Gleichungen, die sich aus der Schleifentheorie ergeben, weiterhin, und das gilt auch für den Urknall. Der Grund dafür ist genau die Körnigkeit des Raums. Je näher man dem Urknall zeitlich kommt, desto stärker kontrahiert sich das Universum, aber es kann nicht «unendlich» klein werden, weil es in der Schleifentheorie nicht möglich ist, ein beliebig kleines Volumen zu erreichen: Der Raum ist gequantelt. Es gibt daher einen kleinsten Rauminhalt, der nicht unterschritten werden kann.

Diese Ideen sind weitgehend von Abhay Ashtekar und seiner Forschungsgruppe in den Vereinigten Staaten entwickelt worden. Die ersten Schlussfolgerungen auf diesem Gebiet deuten überraschenderweise darauf hin, dass der Urknall nicht wirklich am Anfang stand, sondern als ein «Rückprall» (in Analogie zum «Big Bang» auch gern «Big Bounce» genannt) betrachtet werden kann, der auf eine Phase folgte, in der das Universum kontrahierte, sich zusammenzog. Dieses Ergebnis ist belastbar: Es wurde auf verschiedenen Wegen abgeleitet. Aus theoretischer Sicht besteht der große Fortschritt darin, Gleichungen gefunden zu haben, die auch dann funktionieren, wenn man sich dem Urknall nähert. Sie ergeben keine absurden unendlichen Größen mehr und ermöglichen es daher, zurückzurechnen, was bis zum Urknall – und sogar noch davor – passiert.

Vom Standpunkt der Beobachtung ist dieses Ergebnis wichtig, denn die Gleichungen für die durch die Quantengravitation modifizierte Entwicklung des Universums unterscheiden sich leicht von der klassischen Theorie, die von den Kosmologen benutzt wird.

Dieser Unterschied könnte zu messbaren Effekten bei der kosmischen Hintergrundstrahlung führen. Satelliten wie COBE, WMAP und PLANCK haben die Eigenschaften dieser schwachen diffusen Hintergrundstrahlung im Raum mit wachsender Genauigkeit vermessen. Die Schleifentheorie erlaubt es, messbare Effekte zu berechnen, die die Quantengravitation auf den Verlauf der diffusen kosmologischen Hintergrundstrahlung haben sollte. Das Spektrum der Fluktuationen der diffusen Hintergrundstrahlung sollte sich für große Wellenlängen von dem unterscheiden, was im Rahmen der klassischen theoretischen Physik berechnet wird. Im Moment liegen die vorhergesagten Diskrepanzen noch innerhalb der Fehlergrenze der Messinstrumente, doch darf man auf den Tag hoffen, an dem man aufgrund von Messungen zwischen den beiden Alternativen entscheiden kann.

Im März 2014 gab eine Gruppe Astronomen, die an einem Radioteleskop in der Antarktis arbeitete, bekannt, sie habe in der Polarisation der kosmischen Hintergrundstrahlung vom Urknall stammende Gravitationswellen entdeckt. Wenn sich das bestätigt hätte – was leider nicht der Fall war –, wäre dies ein bedeutendes Ergebnis für die Kosmologie, denn es würde erstmals erlauben, die Spuren von Phänomenen direkt zu beobachten, die fast unmittelbar nach dem Urknall, noch deutlich vor dem Aussenden der primordialen Hintergrundstrahlung, entstanden sind. Eine Entdeckung dieser Art würde einen ersten Schritt in Richtung einer Verifizierung von Quantengravitationseffekten darstellen.

Auch wenn es noch keine direkt verwertbaren Resultate für die Theorie gibt, machen wir doch Fortschritte. Wir messen inzwischen Effekte von Phänomenen, die der Planck-Ära bereits sehr nahekommen: Dieser Bereich, der vor 30 Jahren noch völlig unzugänglich schien, ist nun fast in Reichweite gerückt. Zudem glauben wir, Korrelationen in den Schwankungen der kosmischen Hintergrundstrahlung entdeckt zu haben, die im ganz frühen Universum durch Quantenfluktuationen des Gravitationsfelds erzeugt wurden. Es gab demnach schon eine Menge Quantengravitation am Anfang des Universums. Die Raumzeit schwingt, und sie schwingt gequantelt.

Die Berechnungen, die die Grundgleichungen der Theorie mit möglichen Beobachtungen verknüpfen, sind schwierig. Sie erfordern Näherungen sowie profunde Kenntnisse der Quantengravitation und der Kosmologie, über die nur wenige Menschen verfügen, und außerdem einige Intuition. Die besten Wissenschaftler auf dem Gebiet, die in dieser Richtung arbeiten, finden sich in Frankreich. Ich denke dabei vor allem an Aurélien Barrau mit seiner Gruppe in Grenoble, der heute auf diesem Forschungsgebiet weltweit führend ist.

Aus konzeptioneller Sicht bin ich weiterhin ratlos, wie man die theoretischen Resultate, die ein Universum «vor» dem Urknall beschreiben, interpretieren soll. Die Ergebnisse sind richtig, und die Folgerungen, die sich daraus ableiten lassen, sind konkret, doch die exakte physikalische Bedeutung dieser Entdeckungen ist meines Erachtens ein Rätsel, das wir noch lösen müssen.

Ergibt es wirklich einen Sinn, sich zu fragen, was «vor» dem Big Bang war? Die Theorie sagt uns, dass sich das Universum in der Phase um den Big Bang herum in einem gequantelten Zustand befand, in dem Zeit und Raum nicht genau definiert sind, genauso, wie in der Quantenmechanik die Bahn eines bestimmten Teilchens nicht genau definiert ist. Aber wenn Raum und Zeit in diesem Gebiet der Raumzeit nicht definiert sind, was bedeutet dann der Begriff «vor»?

Und schließlich: Was ist Zeit in einer Theorie, in der die Raumzeit selbst probabilistisch wird?

Kosmologie und Planck-Sterne

Eine der aktuellsten Entwicklungen betrifft die Anwendung der Quantengravitation auf das, was sich im Zentrum Schwarzer Löcher abspielt. Wenn sich die neuen Perspektiven, die sich daraus ergeben, eines Tages durch Beobachtungen bestätigen sollten, wird sich die übliche Auffassung von Schwarzen Löchern und ihrem Schicksal grundlegend verändern.

Der herkömmlichen Theorie zufolge endet das Leben eines massereichen Sterns, sobald er seinen Brennstoff verbraucht hat, durch eine Explosion, ein Absprengen seiner äußeren Schichten, und einen Kollaps seines Kerns zu einem sogenannten Schwarzen Loch. Der äußere Teil des Schwarzen Lochs wird von der klassischen Theorie gut beschrieben, und astronomische Beobachtungen bestätigen diese Beschreibung. Was aber geschieht im Inneren des Sterns?

Der klassischen Theorie zufolge stürzt die Materie des Sterns auf das Zentrum des Schwarzen Lochs zu und wird immer stärker auf ein Volumen von null mit einer unendlichen Dichte und einer unendlich hohen Temperatur komprimiert, um schließlich zu verschwinden. All das ist physikalisch natürlich unmöglich. Eine Taschenspielerei ist keine wissenschaftliche

Hypothese. Bevor es dazu kommt, muss die Quantengravitation intervenieren.

In der Schleifentheorie sieht die Beschreibung eines Schwarzen Lochs anders aus. Denn der gequantelte Charakter des Gravitationsfelds (Körnchen der Raumzeit) erlaubt nicht, dass die Implosion des Sterns endlos weitergeht. Irgendwann wird die Materie so dicht, dass die Quantengravitation eine Abstoßung bewirkt. Unterhalb einer gewissen Größe gewinnen die Quanteneigenschaften der Raumzeit die Oberhand über die makroskopischen Eigenschaften, und die ausgeübte Abstoßung (der quantengravitative Druck) widersetzt sich dem Kollaps des Sterns, sodass es zu einem Zustand begrenzter Dichte kommt, der Planck-Dichte.

Unter den Sternen, die nicht zu Schwarzen Löchern geworden sind, weil ihre Masse dazu nicht ausreichte, haben Neutronensterne die höchste Dichte. Zu einem Neutronenstern verdichtet, hätte die Sonne nur noch einen Durchmesser von rund einem Kilometer; das wäre eine wirklich außerordentliche Kompression. Wenn sich der Kollaps jedoch bis zur Planck-Dichte fortsetzen würde, hätte die Sonne nur noch die Größe eines einzigen Atoms. Und weiter kann man nicht gehen. Die Planck-Dichte ist eine Grenze. Die Sterne, die diesen Zustand erreichen, werden als «Planck-Sterne» bezeichnet.

Wenn die Dichte eines Schwarzen Lochs nicht unendlich groß ist, kann man seine Größe berechnen und auch die Entwicklung von Phänomenen analysieren, die sich darin abspielen. Anders gesagt, werfen wir zum ersten Mal einen (theoretischen) Blick in ein bisher unsichtbares Objekt.

Was geschieht da? Der gravitative Druck wirkt wie eine Wand, von der die Materie des Sterns zurückprallt. Der Prozess verläuft sehr rasch, wie ein Ball, der von einer Mauer abprallt. Daher explodiert der Stern kurz nach dem Kollaps.

Aber wie ist es zu erklären, dass die Schwarzen Löcher, die wir kennen, seit vielen Tausend oder gar Millionen Jahren existieren – jedenfalls nach dem Verhalten der Materie in ihrer Nachbarschaft zu urteilen? An dieser Stelle kommt das seltsame Verhalten der Zeit ins Spiel, das die Allgemeine Relativitätstheorie beschreibt. Das Vergehen der Zeit an einem Ort im Universum wird von dem dort herrschenden Gravitationsfeld bestimmt. Die Uhren am Boden laufen langsamer als die Uhren an Bord von Satelliten, weil das Gravitationsfeld am Boden stärker ist als im Orbit. Auf der Sonne würde eine Uhr im Vergleich zur Uhr eines entfernten Beobachters deutlich langsamer gehen. Ein Astronaut, der sich auf die Sonnenoberfläche wagte, würde keinen Unterschied feststellen, seine Uhr würde ganz normal funktionieren – vielmehr hätte er den Eindruck, dass die Uhr seines auf der Erde zurückgebliebenen Freundes schneller laufen würde. Und wenn er zur Erde zurückkehrte, würden die Uhren der beiden Freunde tatsächlich einen merklichen Zeitunterschied aufweisen.

Stellen Sie sich nun vor, was mit der Zeit im Inneren eines Schwarzen Lochs passiert. Je mehr sich die Materie verdichtet, desto stärker wird das Gravitationsfeld und desto mehr verlangsamt sich in Relation zu einem äußeren Beobachter die Zeit – bis zu dem Punkt, an dem sie quasi stillzustehen scheint. Während für uns Jahrhunderte und Jahrtausende verstreichen, vergeht auf der inneren Uhr des Schwarzen Lochs vielleicht eine Millisekunde. Daher dauert der Prozess, der aus unserer Sicht Millionen Jahre braucht, auf der Uhr des Schwarzen Lochs vielleicht nur eine einzige Sekunde. Implosion und Explosion reihen sich nahtlos aneinander, erscheinen uns als äußerem Beobachter wegen des starken Gravitationsfelds jedoch wie in Zeitlupe gedehnt.

Die Dauer dieses Prozesses ist nicht bei allen

Schwarzen Löchern gleich; sie hängt von der anfänglichen Masse ab (genauer gesagt: Sie ist der dritten Potenz der Masse proportional), denn je stärker das Gravitationsfeld ist – und das hängt von der Masse ab –, desto stärker verlangsamt sich die Zeit.

Um es präziser zu formulieren: Die Explosion findet nicht direkt nach dem Kollaps statt, denn der Stern ist zu massereich, um seinen eigenen Horizont zu überwinden (er hindert sich selbst daran, aus dem «Loch» herauszukommen, das er im Gravitationsfeld ausgehoben hat). Der Stern muss zunächst einen Teil seiner Masse durch «Verdampfen» verlieren, den Prozess, den Stephen Hawking entdeckt hat. Nach einer gewissen Zeitspanne des Verdampfens (sehr lang für uns, sehr kurz auf der Uhr des Schwarzen Lochs) wird der Rest des Planck-Sterns zu einem makroskopischen Objekt (weniger klein und weniger dicht), und der Horizont verschwindet. In diesem Stadium kann der quantengravitative Druck das, was vom Stern noch übrig ist, auseinandernehmen und zermalmen.

Diese neuartige Beschreibung macht das Schwarze Loch zu einem Objekt wie alle anderen, das sich nach seiner Entstehung in einen anderen Zustand weiterentwickelt. Wichtig in diesem Zusammenhang ist, dass sich diese Beschreibung anhand von Beobachtungen überprüfen lässt. Die Explosion eines Schwarzen Lochs erzeugt eine Art Fingerabdruck. Laut Berechnung sollte sich die Materie des Sterns durch den Rückprall von der quantengravitativen Wand in Gammastrahlung verwandeln, und sogar die Wellenlänge dieser Strahlung lässt sich präzisieren. Da sich die ersten Schwarzen Löcher zu Beginn des Universums gebildet haben, sind sie heute 13,7 Milliarden Jahre (*unsere* Jahre) alt. Mit der Schleifentheorie kann man berechnen, wie groß die Masse eines Schwarzen Lochs ist, das nach Ablauf von 13,7 Milliarden Jahren explodiert: 10^{12} kg. Und für ein Schwarzes Loch dieser Masse kann man ausrechnen, dass die Wellenlänge der während der Explosion emittierten Strahlung in der Größenordnung von 10^{-14} liegt, also in einem Energiebereich, der mit Gammateleskopen wie dem Fermi-LAT durchaus nachgewiesen werden kann.

Seit rund dreißig Jahren hat man am Himmel plötzlich auftretende, kurze und intensive Gammastrahlen-Emissionen nachgewiesen, die aus allen Richtungen kommen und als «Gammastrahlen-Ausbrüche» oder «Gammablitze» bezeichnet werden. Es handelt sich um mehrere Typen, und sie werden im Rahmen mehrerer Studien intensiv untersucht. Inzwischen sieht es stark danach aus, als ob einige dieser Gammablitze mit dem

Lebensende sehr massereicher Sterne und ihrer Umwandlung in Schwarze Löcher in Verbindung stehen. Interessant wäre es daher zu untersuchen, ob einige davon mit dem Lebensende eines Schwarzen Lochs selbst in Zusammenhang stehen könnten. Wenn das der Fall ist, könnten wir als Nächstes den Fingerabdruck der Explosion ausfindig machen, das heißt einen direkten Effekt eines Ereignisses beobachten und messen, das von der Quantengravitation gesteuert wird. Die Idee ist kühn und könnte sich nicht verifizieren lassen, beispielsweise dann, wenn das frühe Universum nicht genügend Schwarze Löcher gebildet hat, durch die es heute zu Explosionen kommen könnte. Aber die Suche nach Signalen hat begonnen, und wir warten gespannt auf die Resultate.

In dieser neuen Sicht von Schwarzen Löchern wird Zeit zu einem schwindelerregenden Begriff, weil man eine Art Zeitschredder oder «Zeitpumpe» vor Augen hat, die in der Lage ist, ein Teilchen zu Beginn des Universums einzufangen und 13 Milliarden Jahre später wieder auszuspucken, während auf dessen eigener Uhr nicht mehr als ein paar Sekunden vergehen. Wie lässt sich die Vorstellung akzeptieren, dass es im Universum so unterschiedliche Zeitskalen geben kann?

6
DIE ZEIT EXISTIERT NICHT

Nun ist endlich der Moment gekommen, nach dem langen Umweg über den Raum speziell über die Zeit zu sprechen. Zehn Jahre vor der Formulierung der Allgemeinen Relativitätstheorie hatte Einstein bereits verstanden, dass Raum und Zeit keine getrennten Kategorien sind, sondern vielmehr zwei Seiten einer Medaille. Diese Entdeckung trägt den Namen Spezielle Relativitätstheorie. Wir sind gewohnt anzunehmen, dass zwei Ereignisse (beispielsweise die Ankunft von Christoph Kolumbus in Amerika und der Tod von John Lennon) stets eine festgelegte zeitliche Reihenfolge aufweisen, das heißt, dass ein Ereignis *früher* als das andere stattfindet. Wir sind gewohnt anzunehmen, dass Zeit etwas Universelles ist und es dementsprechend sinnvoll ist, sich zu fragen, was sich *genau in diesem Moment* an einem anderen Ort im Universum abspielt. Aber das ist nicht der Fall.

Die klarste Illustration der Relativität von Zeit wird als «Zwillingsparadox» bezeichnet, obwohl es sich eigentlich gar nicht um ein Paradox handelt. Wenn sich der eine Zwilling auf die Reise macht und sich mit sehr hoher Geschwindigkeit vom anderen entfernt und anschließend zurückkehrt, sind beide Zwillinge bei ihrem Wiedersehen unterschiedlich alt, und zwar ist derjenige älter, der niemals seine Geschwindigkeit geändert hat. Dabei handelt es sich nicht um ein Paradox, sondern um eine Folge der Art und Weise, wie die Welt strukturiert ist: Die Zeit ist kein absolutes «Behältnis», in dem sich die Dinge entwickeln. Vielmehr ist sie jedem Objekt eigen und hängt von dessen Bewegung ab. Der einzig paradoxe Aspekt ist, dass wir nicht gewohnt sind, diese Diskrepanzen wahrzunehmen, denn nach unserem Maßstab sind sie zu klein. Sie erscheinen uns gegen unsere Intuition gerichtet, aber genau so laufen die Dinge tatsächlich ab. Man hat präzise Experimente durchgeführt (nicht mit Zwillingen, aber mit sehr genau gehenden, identischen Uhren in sehr schnellen Flugzeugen), und es hat sich jedes Mal bestätigt, dass die Welt genau so funktioniert, wie Einstein es verstanden hat: Die beiden

Uhren zeigten beim Zusammenführen unterschiedliche Zeiten an.

In Frankreich ist die Meinung weit verbreitet, dass diese Erkenntnisse eher Poincaré als Einstein zuzuschreiben sind. Das stimmt nicht. Der Beitrag Poincarés wird tatsächlich manchmal unterschätzt, doch wenn man die Originalartikel liest, wird deutlich: Es war Einstein, der die grundlegende Tatsache erkannte, dass zwei identische Uhren, die sich relativ zueinander bewegen, eine Zeitdifferenz zeigen, und nicht Poincaré.

Zehn Jahre nach der Speziellen Relativitätstheorie machte Einstein die Zeit mit seiner Allgemeinen Relativitätstheorie noch variabler. Er zeigte, dass ein starkes Gravitationsfeld (beispielsweise in der Nähe der Sonne oder der Erde) Uhren langsamer gehen lässt. Das ist der Grund für die relativistischen Korrekturen, die man vornehmen muss, damit GPS (das Global Positioning System, das erdumspannende Ortungssystem) auch wirklich funktioniert. GPS basiert auf sehr präzisen Messungen der Zeit, die das Signal auf seinem Weg zwischen der Erde und den Satelliten im Orbit benötigt. Diese Satelliten bewegen sich sehr schnell, und ihr Abstand zum irdischen Gravitationszentrum ist größer als der unsrige. Daher zeigen ihre Uhren nicht dieselbe Zeit an wie auf der Erde: Sie gehen etwas schneller. Wenn man die Entfernungsberechnungen nicht korrigiert, indem man diese Differenz berücksichtigt, kommt man zu falschen Ergebnissen.

Dazu gibt es eine kleine Anekdote: Während der Entwicklung des GPS wollten die Generäle der US-amerikanischen Armee, die für das Projekt verantwortlich waren, nicht so recht an die Relativität der Zeit glauben. Die Physiker hatten ihnen zwar gesagt, dass die mit den Satelliten hochgeschossenen Uhren schneller gingen als auf der Erde, aber konnte man das wirklich ernst nehmen? Konnte ein Militär wirklich glauben, dass die Zeit schneller oder langsamer vergeht? Um sicherzugehen, testete die amerikanische Armee das System mit zwei Optionen: eines ohne, das andere mit Korrektur. Und was glauben Sie, was geschah? Es kam zu einer eindrucksvollen Illustration der Tatsache, dass die allgemeine Relativität tatsächlich eine *allgemeingültige* Theorie ist. Und dass es einfach nur dumm ist, ihren Vorhersagen keinen Glauben zu schenken.

Kehren wir zu den Prinzipien zurück. Wenn sich zwei Ereignisse an genügend weit entfernten Orten abspielen, ist es sinnlos zu sagen, welches Ereignis *zuerst* eintrat. Und es hat auch keinen Sinn zu fragen, was *genau in diesem Moment* beispielsweise in der Andromeda-Galaxie geschieht. Der Grund dafür ist, dass die Zeit nicht überall in der gleichen Weise vergeht. Wir haben unsere Zeit, und die Andromeda-Galaxie hat die ihre, und diese beiden Zeiten lassen sich prinzipiell nicht in Relation setzen.

Das Einzige, was man machen kann, besteht darin, Signale auszutauschen (zum Beispiel elektromagnetische: Licht-, Radio- oder andere Signale), doch Hin- und Rückweg zwischen hier und Andromeda würden Millionen Jahre in Anspruch nehmen. Stellen Sie sich einen Außerirdischen vor, der uns von Andromeda aus ein Signal schickt. Wir erhalten diese Botschaft *heute*, und wir antworten auf der Stelle. Wir können sagen, dass der Moment, in dem der Außerirdische das Signal losgeschickt hat, *vor* heute liegt, der Moment, an dem er die Antwort erhält, hingegen *nach* heute. Aber während der vielen Millionen Jahre, die zwischen dem Ausschicken des Signals durch den Alien und dem Zeitpunkt liegt, an dem er unsere Antwort erhält, gibt es keinen bestimmten Moment auf Andromeda, der mit diesem «heute» auf der Erde korrespondiert. Die beiden Orte sind physisch und zeitlich nicht verbunden.

All das soll klarmachen, dass wir über Zeit nicht

so denken sollten, als gäbe es eine kosmische Uhr, die dem Leben im Universum den Takt vorgibt. Wir müssen uns Zeit als einen lokalen Zustand vorstellen: Jedes Objekt im Universum besitzt seine eigene Zeit.

Die Art und Weise, in der sich die Zeit eines jeden Objekts äußert, wenn Objekte sich treffen oder Signale austauschen, lässt sich präzise beschreiben. Um dies zu tun, spricht man bei der mathematischen Beschreibung der Welt nicht von «Zeit» und «Raum», sondern von einer Vereinigung beider, der sogenannten Raumzeit. Die Raumzeit ist in gewisser Hinsicht so etwas wie die Gesamtheit aller Zeiten und aller Orte.

Wir wissen all dies seit mehr als einem Jahrhundert (Einsteins Artikel wurde 1905 veröffentlicht), aber es kann kaum erstaunen, dass diese Erkenntnis noch keine allgemeine Verbreitung gefunden hat und noch nicht zum Allgemeinwissen gehört. Dasselbe hat sich bei vielen konzeptuellen Umwälzungen abgespielt. Nehmen wir die kopernikanische Wende: Noch sehr lange nach Kopernikus' Entdeckung waren die Menschen überzeugt, die Sonne drehe sich um die Erde und nicht umgekehrt. Aber die Forschung geht weiter und wartet nicht nach jedem Schritt, dass die ganze Welt ihr folgt.

Das Neue, das die Quantengravitation uns bringt, ist die Idee, dass der Raum nicht existiert. Nur das Gravitationsfeld existiert, das, wie bereits erwähnt, aus Wahrscheinlichkeitswolken der zu einem Netz verknüpften Körnchen besteht. Wenn man diese Idee mit der Speziellen Relativitätstheorie zusammenführt, kommt man zu dem Schluss, dass die Nicht-Existenz des Raums die Nicht-Existenz der Zeit impliziert – denn Raum und Zeit sind eng miteinander verknüpft. Und genau das findet man in der Formulierung der Quantengravitation: Die Variable *t* taucht weder in der Wheeler-De-Witt-Gleichung noch anderswo in der Grundstruktur der Theorie auf.

Die Zeit existiert nicht. Man muss die Welt in nicht zeitlichen Begriffen denken, auch wenn das intuitiv als schwierig erscheint.

Aber was bedeutet eigentlich diese Vorstellung, dass die Zeit nicht existiert?

In der klassischen Physik, wie man sie auf der Schule lernt, taucht die Zeit in fast allen Gleichungen auf. Diese Variable wird durch den Buchstaben *t* symbolisiert. Die Gleichungen sagen uns, wie sich die Dinge im Lauf der Zeit verändern, und erlauben uns vorauszusagen, was in einem nächsten Moment passiert, wenn wir wissen, was in der Vergangenheit abgelaufen ist. Genauer gesagt: Wir messen gewisse Variablen, beispielsweise den Ort A eines Objekts, die Amplitude *B* eines schwingenden Pendels, die Temperatur *C* eines Körpers usw., und die Gleichungen sagen uns, wie sich die Variablen *A*, *B* und *C* zukünftig entwickeln. Das heißt, sie liefern Funktionen *A(t)*, *B(t)*, *C(t)* etc., die die Veränderung dieser Variablen in Abhängigkeit von der Zeit (*t*) beschreiben. Aber woher kommt diese Art und Weise, Abläufe auszudrücken?

Galilei war der Erste, der verstand, dass sich die Bewegung eines Objekts auf der Erde durch Gleichungen, ausgedrückt als Funktion der Variablen Zeit *A(t)*, *B(t)*, *C(t)*, beschreiben lässt, und er war auch der Erste, der sie niederschrieb. Damit setzte er eine Überlegung um, die von den Ideen des Kopernikus angeregt worden war. Galilei nahm damit als Erster die Idee sehr ernst, dass sich die Erde bewegt, und zog daraus einen genialen Schluss: Die Astronomie hatte gezeigt, dass exakte Gesetze die Bewegung von Himmelskörpern lenken und erlauben, die Position von Gestirnen genau vorauszusagen. Galilei verstand: Wenn die Erde ein Planet wie alle anderen und damit ein Teil des Himmels war, dann musste es auch Gesetze geben, die die Bewegungen der Körper auf der Erde lenkten. Er suchte sie. Und er fand sie.

Das erste irdische physikalische Gesetz, das Galilei formulierte, beschrieb das Fallen von Objekten. Es ist ganz einfach: Die Strecke x, die ein fallendes Objekt zurücklegt, ist dem Quadrat der Zeit «t» proportional. Das heißt: In doppelter Zeit legt ein Objekt einen vier Mal so langen Weg zurück. Das wird im Allgemeinen in der Form $x = (½)at^2$ geschrieben, wobei a eine Konstante ist (die Erdbeschleunigung) und «½» aus historischen Gründen da steht. Galilei fand dieses Gesetz empirisch, indem er untersuchte, wie eine Kugel sich bewegt, wenn sie eine schiefe Ebene hinunterrollt. Um dieses Gesetz zu entdecken und zu bestätigen, musste Galilei zwei Größen messen: den Ort x der Kugel auf der schiefen Ebene und die Zeit t. Daher brauchte er vor allem ein Instrument, um die Zeit t zu messen, also eine Uhr.

Zu Galileis Zeiten gab es jedoch keine präzisen Uhren. Er selbst aber hatte in seiner Jugend eine Möglichkeit entdeckt, eine solche Uhr herzustellen. Er hatte nämlich erkannt, dass die Schwingungen eines *Pendels* ganz unabhängig davon, ob die Amplitude groß oder klein ist, stets gleich lang dauern. Daher lässt sich die Zeit einfach dadurch messen, dass man die Schwingungen eines Pendels zählt. Die Variable «*t*», die die Zeit darstellt, wird durch die Zahl der Schwingungen eines Pendels gemessen.

Der Legende nach hatte Galilei diese Eingebung in der Kathedrale von Pisa, als er die langsamen Schwingungen eines hängenden Leuchters beobachtete, der sich noch heute dort befinden soll (eine schöne Geschichte, doch die Fakten sagen etwas anderes, da der Leuchter erst viel später aufgehängt wurde). Galilei beobachtete die Schwingungen des Leuchters während einer Messe, die ihn nicht besonders gefesselt zu haben scheint, und verglich sie mit seinem Herzschlag. Er begann immer wieder von neuem zu zählen, während die Ausschläge des Pendels langsam abnahmen, und entdeckte, dass auf jede Schwingung die gleiche Anzahl von Herz- und damit Pulsschlägen entfiel. Daraus zog er den Schluss, dass sämtliche Schwingungen dieselbe Dauer hatten.

Im Nachhinein hört sich das gut an, doch wenn man ein wenig darüber nachdenkt, melden sich Zweifel, die an die Wurzel des Zeitproblems rühren. Denn woher konnte Galilei wissen, dass seine Herzschläge alle gleich lang waren? Einige Jahre später begannen die Mediziner, den Puls ihrer Patienten mit Hilfe von Uhren zu messen, deren Mechanismus nichts anderes

Abbildung 8. Galilei entdeckt, dass die Schwingungen eines Pendels stets gleich lang dauern, indem er während der langsamen Schwingungen des Leuchters in der Kathedrale von Pisa seine Pulsschläge zählte.

war als ein rasches Pendel (mit kurzer Achse). Man benutzt also den Puls, um sicherzugehen, dass das Pendel regelmäßig schwingt, und dann ein anderes Pendel, um sicherzugehen, dass der Puls regelmäßig schlägt. Beißt sich die Katze da nicht in den Schwanz? Was bedeutet das?

Das bedeutet, dass wir *niemals* die Zeit selbst messen. Wir messen immer physikalische Variablen *A*, *B*, *C* … (Schwingungen, Pulsschläge, den Lauf der Sonne und eine Menge anderer Dinge), und wir vergleichen immer eine Variable mit einer anderen. Daher messen wir die Funktionen *A(B)*, *B(C)*, *C(A)* etc. Das gilt bis heute. Die raffiniertesten Uhren basieren auf zyklischen Phänomenen (beispielsweise auf der energetischen Oszillation eines Cäsiumatoms), deren Zyklen man zählt. Diese sind beträchtlich stabiler als die Schwingungen eines Pendels oder der Rhythmus unseres Herzschlags, aber es handelt sich stets um natürliche Phänomene, die man «zählt», und nicht um die Zeit selbst, die gemessen wird.

Und dennoch ist es nützlich sich vorzustellen, dass es eine Variable *t* gibt, die «wahre Zeit», zu der wir nicht gelangen können, die sich aber hinter allen Dingen verbirgt. Wir schreiben all die Gleichungen für die physikalischen Variablen als Funktion dieses nicht beobachtbaren *t*. Diese Gleichungen sagen uns, wie sich die Dinge in Abhängigkeit von *t* entwickeln (wie lange die Schwingungen dauern, wie viel Zeit jeder Herzschlag in Anspruch nimmt). Aber in Wirklichkeit haben wir ursprünglich berechnet, wie sich die Variablen im Verhältnis zu einer anderen Variablen verändern (wie viele Herzschläge auf eine Schwingung entfallen, wie viele Schwingungen auf eine Erdumdrehung), und wir haben die stabilste Variable als Urmaß genommen, um die anderen zu messen: Die Sekunde war schon immer als eine bestimmte Zahl von Zyklen eines bestimmten natürlichen Phänomens definiert. Durch Vergleich der Vorhersagen, die diese Methode erlaubt, mit dem, was wir beobachten, sind wir dann zu dem Schluss gekommen, dass dieses komplizierte Schema gut ist und es vor allem nützlich ist, die Variable *t* zu verwenden, auch wenn wir sie niemals direkt messen können. Anders gesagt, die Existenz einer Variablen «universelle Zeit» ist eher ein Postulat als das Resultat einer Beobachtung. Newton hat verstanden, dass diese Methode erlaubt, viele Dinge zu vereinheitlichen, und er hat diese Weise, Wissenschaft zu betreiben, eingeführt und formalisiert. Wie er ausdrücklich erklärt, können wir die «wahre» Zeit *t* nicht messen, doch wenn wir so tun, als ob es sie gäbe, können wir ein außerordentlich effizientes Schema konstruieren, um die Natur zu verstehen und zu beschreiben.

Kehren wir nun in unsere Epoche zurück, zur Quantengravitation und zu dem, was diese Aussage bedeutet: «Die Zeit existiert nicht.» Es heißt ganz einfach, dass das Newton'sche Schema nicht mehr funktioniert, wenn wir vom unendlich Kleinen reden. Es war eine ausgezeichnete Strategie, aber sie gilt nur für makroskopische Phänomene, das heißt auf unserem menschlichen Maßstab.

Wenn wir die Welt in einer umfassenderen Weise

verstehen wollen, wenn wir sie auch in den Bereichen beschreiben wollen, die uns weniger vertraut sind, muss man dieses Schema aufgeben, denn es gilt nicht mehr. Die Vorstellung von einer Zeit *t*, die selbst vergeht, und auf die sich der Rest des Universums bezieht, stimmt nicht mehr mit der Realität überein. Die mikroskopische Welt lässt sich nicht durch Gleichungen für die Entwicklung von Größen in Abhängigkeit von der Zeit *t* beschreiben.

Wenn ein Physikstudent zum ersten Mal mit dieser Vorstellung konfrontiert wird, gerät er in Panik. Gleichungen ohne die Variable Zeit? Aber wie kann man dann die zeitliche Entwicklung des Systems beschreiben? Allmählich erkennt er dann, dass die Variable Zeit nicht wirklich nötig ist. Anstatt alles auf eine abstrakte und absolute «Zeit» zu beziehen, ein von Newton erfundener Trick, kann man jede Variable als Funktion anderer Variablen beschreiben.

Um das zu formulieren, müssen wir uns auf Listen von Variablen *A, B, C* … beschränken, die wir tatsächlich beobachten, und Beziehungen zwischen diesen Variablen aufstellen, das heißt Gleichungen für die Funktionen *A(B), B(C), C(A)*, die wir beobachten, und nicht für die Funktionen *A(t), B(t), C(t)*, die wir *nicht* beobachten. Um im Beispiel zu bleiben: Wir haben nicht den Puls und das Pendel, die sich beide in der Zeit entwickeln, sondern lediglich Gleichungen, die uns sagen, wie sich die beiden in Relation zueinander entwickeln. Welche Werte der einen Variablen mit welchen Werten der anderen kompatibel sind.

Genauso wie der Raum wird die Zeit zu einem Relativbegriff. Er drückt lediglich eine Beziehung zwischen unterschiedlichen Zuständen von Objekten aus.

Es handelt sich um eine simple Veränderung, aber aus konzeptueller Sicht ist es ein Riesenschritt. Wir müssen lernen, die Welt nicht als eine Sache zu sehen, die sich in der Zeit entwickelt, sondern auf andere Weise. Grundsätzlich gesehen, gibt es keine Zeit. Für jedes Objekt ist die Zeit die Art und Weise, wie es sich in Relation zu anderen Objekten verändert.

Das neue Bild der Welt, das sich gerade in der Grundlagenphysik etabliert, beschreibt eine Welt ohne Raum und Zeit. Raum und Zeit im üblichen Sinne werden auf die Dauer ganz einfach aus dem Bezugssystem der Grundlagenphysik *verschwinden*, genauso, wie die Vorstellung von einem «Zentrum des Universums» aus dem wissenschaftlichen Bild der Welt verschwunden ist. Ihr Platz wird von Relationen zwischen Objekten eingenommen.

Dies stellt eine radikale Umwälzung unseres Weltbildes dar, aber ich denke, man muss akzeptieren, die Welt auf neue Weise zu sehen und auf den Faktor Zeit in Gleichungen zu verzichten.

Ich muss allerdings zugeben, dass selbst meine engsten Freunde damit nicht alle einverstanden sind. Kürzlich gab mir ein Kollege und alter Freund eine höchst erstaunliche Eloge auf die Zeit zu lesen: Lee Smolin.

Lee Smolin rehabilitiert die Zeit

In seinem neuesten Buch «Im Universum der Zeit: Auf dem Weg zu einem neuen Verständnis des Kosmos» stellt sich Lee, einer der Gründerväter der Schleifentheorie, entschieden auf die Seite einer absolutistischen Konzeption der Zeit. Diese Bekräftigung und die detaillierte Argumentation, die sie begleitet, können den unbedarften Leser überraschen, insoweit es sich «lediglich» darum handelt, die Idee zu verteidigen, dass die Zeit existiert und eine Grundgegebenheit der Welt bildet. Spontan würde niemand sich träumen lassen, dass man die Existenz der Zeit beweisen muss – wäre das nicht so, als sich zu fragen, ob die Erde existiert?

Heute zwingt uns die Physik jedoch dazu, die Existenz der Zeit in Frage zu stellen, vor allem im Rahmen der Quantengravitation. Lee Smolin hat in diesem Buch dargelegt, warum er glaubt, dass wir bessere Chancen haben, die Welt zu verstehen, wenn wir den Status der Zeit unangetastet lassen.

Seine Argumentation stellt implizit etwas Grundlegendes in Frage: Sie leugnet die Ambition, die seit Jahrhunderten als Ideal der theoretischen Physik gilt, die Suche nach universellen und «zeitlosen» Gesetzen. Um die Natur zu verstehen, sei es der falsche Weg, meint Smolin, ihr absolute Gesetze zuzuschreiben, die an jedem Ort und zu jeder Zeit wahr sind. Wie die gesamte übrige Natur unterliegen auch die Gesetze der Physik selbst der Veränderung, so Smolin, und entwickeln sich ebenfalls weiter. Die für universell und zeitlos gehaltenen Gesetze müssten daher auf den Status von historischen Gesetzen zurückgestuft werden. Alle Naturgesetze, einschließlich der fundamentalsten Gesetze der theoretischen Physik, werden demnach zu vorläufigen Regeln, deren Geltung in einem bestimmten Augenblick beginnt und eine bestimmte Zeitspanne anhält. Es handelt sich daher also nicht nur um eine Antwort auf die Idee, die Naturgesetze zu beschreiben, ohne sich der Variablen Zeit zu bedienen. Es geht vielmehr darum, die Physik in ein Kapitel der Geschichte zu verwandeln.

Diese radikale Position entspricht nicht der herkömmlichen Sicht, auch wenn sie nicht zum ersten Mal vertreten wird. Sie resultiert vor allem aus einer Diskussion zwischen Lee Smolin und Roberto Unger, einem Philosophen, der sich mit sozialwissenschaftlichen, politischen, juristischen und ökonomischen Themen auseinandersetzt – ziemlich weit weg von der Wissenschaftsphilosophie. Die Grundthese wurzelt im klassischen amerikanischen Pragmatismus, wie er von Charles Sanders Pierce vertreten wurde. Das Hauptargument für die These liefert, so Smolin und Unger, die zeitgenössische Kosmologie. Im Lauf des 20. Jahrhunderts wurde gezeigt, dass das beobachtbare Universum eine Geschichte hat, vom Urknall bis in unsere Tage. Während seiner Entwicklung hat es verschiedene Phasen durchgemacht, und die «Gesetze» von Biologie, Chemie, klassischer Physik, Teilchenphysik und Gravitationsphysik konnten nicht in allen Epochen «regieren» und waren nicht in allen Epochen anwendbar. Es bedarf bestimmter Bedingungen, damit ein «Gesetz» in Aktion tritt, und diese Bedingungen kommen erst ab einem bestimmten Moment zusammen. Es gab keine Chemie und daher auch keine

«Gesetze» der Chemie, bevor es Atome gab – und die erschienen erst lange nach dem Urknall. Man könnte entsprechend argumentieren, dass die Gesetze des Schachspiels nicht existieren, bevor jemand beginnt, Schach zu spielen. Es ist offensichtlich, dass sich die wissenschaftlichen Erkenntnisse, über die wir heute verfügen, nur auf Epochen des Universums beziehen können, die in irgendeiner Weise auf den Urknall folgen. Über das, was diesem Moment vorausging, wissen wir so gut wie nichts, außer dass die heute etablierten Naturgesetze dort nicht in der Form funktioniert haben können, in der wir sie kennen. Es gibt jedoch ein Element der Erkenntnis, auf das wir uns verlassen können, meint Smolin, und das ist die Zeit. Die Zeit existierte bereits, sie verging und brachte Veränderungen – Veränderungen der Welt wie auch der Gesetze, die die Welt regieren.

Meiner Meinung nach wirft dieser Vorschlag mehrere unterschiedliche Ideen in einen Topf, darunter

1) das Ausmaß der Gültigkeit «universeller» Gesetze, wie wir sie heute kennen,
2) die Hoffnung, bald eine Theorie von allem zu finden, eine endgültige, universell gültige Theorie,
3) die Suche nach Gesetzen, die eine immer umfassendere Gültigkeit haben.

1) Die Tatsache, dass das Ausmaß der Gültigkeit «universeller» Gesetze, wie wir sie heute kennen, begrenzt ist, ist für jeden unbestreitbar, der eine naturwissenschaftliche Bildung besitzt. Die großen Fortschritte der wissenschaftlichen Theorie haben Näherungen geliefert, die jedes Mal von besseren übertroffen wurden. Die Kepler'schen Gesetze, die die Planetenbewegung beschrieben, stellten einen Triumph dar, doch sie haben sich als falsch herausgestellt, als man entdeckte, dass Körper sich anziehen. Die Newton'schen Gesetze waren einer der größten Erfolge der Menschheit, aber es zeigte sich, dass Merkur diese Gesetze verletzte. Die Relativitätstheorie korrigierte die Newton'schen Gesetze und sagte die Schwarzen Löcher, den Urknall, die Gravitationswellen und noch vieles andere voraus, aber wir sind heute der Ansicht, dass sie nicht anwendbar ist, wenn Quanteneffekte in den Vordergrund treten. Die Tatsache, dass die physikalischen Gesetze, wie wir sie kennen, nur eine begrenzte Gültigkeit haben, ist heute unbestreitbar. Aber das, was man vielleicht als «historisch» bezeichnen kann, sind nicht die gefundenen Gesetze, sondern die Wege, auf denen wir unser Wissen erwerben.

2) Die Vorstellung, dass wir heute oder doch sehr bald in der Lage sein könnten, eine Theorie von allem

zu formulieren, ist meines Erachtens eine völlig deplatzierte Anmaßung. Es gibt viel zu viele Elemente, die außerhalb unserer Reichweite liegen, um zu glauben, wir näherten uns dem Moment, an dem wir eine vollständige Theorie des Universums vorlegen könnten. Wir kennen die ultimativen Gesetze des Universums nicht, aber das heißt nicht, dass das, was wir heute für richtig halten, morgen falsch sein muss.

3) Andererseits steht das Beweisen von immer allgemeineren Konzepten und immer größeren Ordnungsprinzipien, die es uns erlauben, Gesetze mit einer immer größeren Gültigkeit aufzustellen, im Zentrum des wissenschaftlichen Fortschritts. Das Prinzip dieses grundlegenden Ziels anzugreifen, erscheint mir, wie das Kind mit dem Bade auszuschütten. Sicherlich haben physikalische Gesetze eine begrenzte Reichweite, aber das heißt nicht, dass die Physik nur als eine Folge lose zusammenhängender Episoden angesehen werden kann. Die «historische» Sicht versteht Realität auf einer Ebene, auf der im Verlauf der Ereignisse, die wir beschreiben, immer wieder Zufälliges und Unerwartetes auftaucht. Nun bezweckt die Physik aber gerade, andere Beschreibungsebenen der Realität zu suchen, auf denen Zufälle und Kontingenz durch tiefer greifende Determinismen erklärt werden können. Die

Erfahrung hat uns gelehrt, dass wir Gesetze formulieren können, die innerhalb bestimmter Gültigkeitsregime und in bestimmten Näherungen «universell» gültig sind. Auf dieses Ziel zu verzichten, hieße, auf das schärfste Werkzeug zu verzichten, das die Menschheit erfunden hat, seit sie die ersten Faustkeile herstellte.

Die aktuellen Gesetze der (klassischen) Physik sind nicht überall im Universum gültig. Wir wissen, dass sie nicht mehr «funktionieren», wenn man die Dinge bis nahe an den Urknall zurückverfolgt oder wenn man das Verdampfen eines Schwarzen Lochs beschreiben will. Es gibt jedoch keinen Grund anzunehmen, dass wir keine umfassendere Theorie finden können, die einen noch größeren Teil der uns zugänglichen Welt einschließt. Wie könnte es unsere Chancen verbessern, die Welt zu verstehen, wenn wir auf dieses geduldige Verallgemeinern verzichten? Das beobachtbare Universum hat sicherlich eine Geschichte, und die Gesetze der Physik finden während seiner unterschiedlichen Stadien unterschiedliche Anwendung, doch das schmälert die Tatsache nicht, dass die bekannten Gesetze sehr allgemein anwendbar sind. Das Erstaunlichste an der zeitgenössischen Kosmologie ist nicht die Tatsache, erkannt zu haben, dass die Chemie vor der Entstehung von Atomen nicht anwendbar ist – das ist eine Tautologie. Ganz im Gegenteil ist erstaunlich, dass die heute entdeckten Gesetze mit einer unglaublichen Effizienz die ersten Momente des Universums beschreiben. Was die Teilchen angeht, so gelten dieselben physikalischen Gesetze, die wir gegenwärtig anwenden, seit mehr als 13 Milliarden Jahren, obwohl Temperatur und Energiedichte damals ganz anders waren als heute. Wer hätte das erwarten können?

Die moderne Kosmologie belegt durchaus nicht, dass sich physikalische Gesetze entwickeln. Ganz im Gegenteil zeigt sie, dass Gesetze sich viel weniger entwickeln, als man meinen könnte. Die Suche nach umfassenden Ordnungsprinzipien und allgemeinen Konzepten zum besseren Verständnis der Natur ist mehr denn je der Motor der Physik.

Die Vorstellung von der Nichtexistenz der Zeit, die im Zentrum unserer Bemühungen steht, eine Theorie der Quantengravitation zu formulieren, darf nicht mit der naiven Auffassung einer eingefrorenen Welt verwechselt werden, die sich nicht verändert. Die Nichtexistenz der Zeit auf grundsätzlicher Ebene zu postulieren, heißt, davon auszugehen, dass sich die zeitlichen Aspekte der Realität nicht angemessen mit Hilfe einer absoluten, universellen Zeit beschreiben lassen, die «vergeht», also mit Hilfe einer einzigen Variablen *t* in den Grundgleichungen.

Das impliziert nicht, dass die Zeit nicht real ist. Natürlich gibt es sie! Genauso, wie oben und unten, rot und blau, gezuckert und gesalzen, heiß und kalt real sind. Es genügt, einen Herd anzufassen, um sich davon zu überzeugen. Dennoch benutzt die Physik diese Begriffe nicht, wenn sie die Natur auf fundamentaler Ebene beschreibt. Man darf nicht das, was auf einer bestimmten Skala oder in einer speziellen Situation existiert, mit dem verwechseln, was für die grundsätzliche Beschreibung der Natur notwendig ist. Die einzelnen Atome tragen keine Farbe, haben keinen Geschmack und auch keine Temperatur. Um die Fundamente der Welt zu erkennen, muss man sich dieser Vorstellungen entledigen. Genauso muss man sich, wenn man die Welt verstehen will, meiner Meinung nach von der Variablen *t* verabschieden.

Unsere übliche Vorstellung von Zeit ist ebenso vielgestaltig wie vielschichtig und enthält eine Fülle impliziter Hypothesen und Vorannahmen. Die Zeit ist keine Vorstellung, die man als Ganzes nehmen muss, alles oder nichts. Es handelt sich um ein ganzes Bündel von Vorstellungen, die sich in unserem Kopf mischen, weil das Auflösungsvermögen unserer Sinnesorgane begrenzt ist. Wenn wir die Lichtgeschwindigkeit ohne Instrumente oder wenn wir Nanosekunden direkt wahrnehmen könnten, wäre unsere intuitive Auffassung von Zeitlichkeit eine ganz andere. Es wäre vereinfachend zu behaupten, wir müssten uns zwischen unserem intuitiven Verständnis der Zeitlichkeit, das wir auf der Basis unserer nicht relativistischen Erfahrung entwickelt haben, und einer eingefrorenen Form der Realität entscheiden, die auf einer pauschalen Negation der Zeit basiert.

Seit Beginn unserer langen Zusammenarbeit habe ich immer leidenschaftlich mit Lee Smolin diskutiert, und wir waren häufig nicht einer Meinung. Darin liegt die Schönheit der Naturwissenschaft: Man kann völlig unterschiedlicher Meinung sein und dennoch durch eine aus einem Dissens entstandene Diskussion voneinander lernen, und man kann sich weiterhin so nahestehen wie Brüder, selbst wenn man entgegengesetzte Standpunkte vertritt.

Alain Connes und die thermodynamische Zeit

Ein wichtiger Teil meiner Arbeit in den Vereinigten Staaten bestand darin, von der Quantengravitation aufgeworfene fachspezifische und konzeptuelle Probleme mit dem Ziel zu untersuchen, eine Theorie ohne die Variable Zeit zu formulieren und zu verstehen, was das bedeutet. Eines dieser Probleme ist folgendes: Wenn die Zeit auf einer grundlegenden Ebene nicht existiert, was ist dann mit der Zeit, die wir wahrnehmen, die Zeit, deren Vergehen wir spüren, was kann das sein? Wo könnte dieses Hauptmerkmal der makroskopischen Welt herkommen? Gegen Ende der 1990er Jahre arbeitete ich an der Idee zu einer möglichen Lösung dieses Problems. Diese Idee hatte einen wichtigen Einfluss auf mein Leben: Sie führte mich dank eines neuen Freundes und eines neuen intellektuellen Weges zurück nach Europa.

Das Universum ist riesig und komplex; es gibt Abermilliarden Teilchen und noch mehr Variablen, die die Felder beschreiben. Wir werden niemals sämtliche Variablen eines Problems beherrschen. Falls wir doch über eine solche Kontrolle verfügen (das heißt in sehr einfachen Fällen), können wir verifizieren, dass das

System von dynamischen Gleichungen gelenkt wird, und wie wir gesehen haben, taucht die Zeit auf fundamentalem Niveau in diesen Gleichungen nicht auf. In der Mehrzahl der Fälle messen wir jedoch nur einen winzigen Teil der zahllosen Variablen, die ein System charakterisieren. Wenn wir beispielsweise ein Stück Metall einer bestimmten Temperatur untersuchen, können wir seine Temperatur messen, seine Länge, seinen Ort, aber nicht die mikroskopischen Bewegungen jedes seiner Atome, die, wie wir wissen, seine Temperatur verursachen. In solchen Fällen benutzen wir nicht nur die Gleichungen der Dynamik, um die Physik des Systems zu beschreiben, sondern auch diejenigen der statistischen Mechanik und der Thermodynamik. Dabei handelt es sich um statistische Gleichungen, die uns erlauben, selbst dann Vorhersagen zu machen, wenn wir die exakten Bewegungen aller mikroskopischen Variablen nicht genau kennen. Die Thermodynamik ist ein Zweig der Physik, der Systeme mit einer großen Anzahl von Teilchen untersucht und sie durch statistische Gesetze und nicht etwa auf dem Niveau eines einzelnen Teilchens beschreibt.

Die Idee, die es – ausgehend von einer Theorie, die die Existenz der Zeit grundsätzlich leugnet – erlauben würde, eine makroskopische Zeit «wiederzufinden», ist folgende: Die Zeit tritt lediglich im Kontext der statistischen Physik auf. Das heißt, es handelt sich um ein emergentes Phänomen, erzeugt von einer ganzen Reihe von mikroskopischen Prozessen, die sich aber nur großmaßstäblich, makroskopisch, manifestieren. Anders gesagt: *Die Zeit ist eine Folge unseres Nichtwissens,* was die Details der Welt betrifft. Wenn wir alle Details der Welt auf atomarem Niveau genau kennten, hätten wir nicht das Empfinden eines Fortschreitens der Zeit. Aber wir nehmen nur summarisch Mittelwerte wahr, aus denen pauschal eine neue Vorstellung, die Zeit, hervorgeht, genauso, wie wir pauschal dort den Eindruck von Wärme verspüren, wo sich die Effekte vieler in Bewegung befindlicher Moleküle aufsummieren. Auf molekularer Ebene sehen wir nichts als Bewegungen – kein einziges dieser Moleküle ist warm.

Ich habe viel an dieser Idee von der Zeit als emergentem Phänomen und an ihrer mathematischen Untermauerung gearbeitet, die sie stützt: Diese muss zeigen, wie die typischen Phänomene, die mit dem Vergehen der Zeit verknüpft sind, aus einer nicht zeitlichen Welt erwachsen können, denn darüber wissen wir nur wenig. Eines Tages hielt ich mich in Cambridge (Großbritannien) auf, im Isaac Newton Institute, einer dieser großartigen Institutionen, wo Wissenschaftler aus aller Welt eingeladen sind, mit ihren Kollegen zu diskutieren und Ideen auszutauschen. Die etwas snobistische Atmosphäre in Cambridge gefiel mir jedoch nicht besonders gut, und ich fürchtete schon beinahe, meine Zeit zu verschwenden, als ich mich eines Abends bei Tisch neben einer außergewöhnlichen Persönlichkeit wiederfand: Alain Connes.

Alain ist einer der größten zeitgenössischen Mathematiker. Er hat die wichtigsten internationalen Auszeichnungen seines Fachgebiets erhalten. Im Lauf unserer Diskussion lernte ich ihn als eine Persönlichkeit mit dem Enthusiasmus und der Leidenschaftlichkeit eines jungen Mannes kennen, eines Mannes von erstaunlicher Intelligenz und mit einer Fülle von Ideen – nicht nur, was Mathematik anging, sondern auch in der Physik, einem Gebiet, auf dem er wirklich verblüffende Resultate erzielt hat.

Während wir in der etwas steifen und langweiligen Atmosphäre von Cambridge Seite an Seite beim Abendessen saßen, unterhielten wir uns über verschiedene aktuelle wissenschaftliche Themen. Dann, nach mehreren Gläsern Wein, meinte Alain schließlich ganz nebenbei: «Ich habe eine tolle Idee, auf welche Weise die Zeit entsteht, aber niemand hat sie bisher ernst genommen.» Ich war sofort hellwach und bat ihn um nähere Erläuterung. Dabei musste ich ziemlich hartnäckig sein, denn er war nicht in der Stimmung, über Fachfragen zu diskutieren, doch schließlich begann er mir seine Idee zu erklären, malte mit der Spitze seiner Gabel Diagramme auf eine Serviette und warf Brotkrümel in die Luft, um seine These zu illustrieren. Nach einem Moment der Verwirrung begriff ich, dass die Idee, die er mir vorstellte, genau die war, an der ich arbeitete. Ich eilte auf mein Zimmer und kehrte mit den Artikeln zurück, die ich zu diesem Thema geschrieben hatte. Wir waren die Sache mathematisch völlig anders angegangen, doch Alain verstand sehr rasch, dass meine mathematische Behandlung nur einen Spezialfall der seinen darstellte.

Wenn ein Wissenschaftler eine neue Idee formuliert, nimmt er im Allgemeinen an, sie sei korrekt. Wenn niemand anders ihm beipflichtet, geht er oft dennoch weiterhin davon aus, dass er recht hat und alle anderen unrecht – aber er wird doch einige Zweifel haben. Doch wenn er feststellt, dass jemand anderes unabhängig von ihm auf dieselbe Idee gekommen ist, wird die Versuchung zu glauben, dass «wir» recht haben und die anderen «nichts kapieren», fast unwiderstehlich...

Alain und ich publizierten einen Artikel, in dem

wir diese Idee illustrierten und die Argumente zusammenfassten, die er beigesteuert hatte, und diejenigen, die ich beigesteuert hatte. Und ich habe in ihm einen neuen Freund gefunden – einen großartigen Freund voller intellektueller Leidenschaft und von einzigartiger Intelligenz.

Unsere Idee ist, die Zeit als ein emergentes Phänomen zu betrachten, das aus der Quantengravitation und der Thermodynamik erwächst. Ich bezeichne diese Zeit als «thermodynamische Zeit».

Die thermodynamische Zeit ergibt nur Sinn, wenn man es mit einer großen Anzahl von Variablen zu tun hat, also in einem thermodynamischen Kontext. Nur in einem solchen Zusammenhang manifestieren sich die Merkmale der Zeitlichkeit: irreversible Phänomene, Gedächtnis, Absicht. Noch grundsätzlicher gesehen, lässt sich der Ursprung der Zeitlichkeit mit der nicht kommutativen Struktur der Quantenmechanik in Verbindung bringen: In der Quantenmechanik kommutieren die Operatoren nicht, das heißt, wenn man zunächst Operation A durchführt und anschließend Operation B, erhält man nicht dasselbe Ergebnis, das man erhält, wenn man zuerst B und dann A durchführt. Das ist der eigentliche, tiefe Ursprung der Zeit.

Thermodynamische Systeme verhalten sich probabilistisch, und die Entropie wächst «mit der Zeit». So wird die Zeit erzeugt, die wir erfahren. Umgekehrt haben die nicht thermodynamischen Systeme (beispielsweise ein einzelnes Atom oder ein Teilchen, das im Raum herumwandert) nichts mit Entropie zu schaffen, und die typischen Probleme der Zeit spielen keine Rolle. Für diese nicht thermodynamischen Systeme ist alles reversibel, sie erleben die Zeit nicht wie eine spezielle Variable.

Kehren wir zum Beispiel von «oben» und «unten» zurück. Dabei handelt es sich um zwei fundamentale Begriffe unserer Alltagserfahrung, die jedoch in den Gleichungen der Grundlagenphysik nicht auftauchen. Im Universum gibt es kein «oben» und «unten», alle Richtungen sind äquivalent. Lokal gesehen, zum Beispiel auf der Erde (oder dem Mars), «fallen» Objekte aufgrund des Gravitationsfelds nach unten. Es ist nicht das «Unten», das die Objekte fallen lässt. Vielmehr ist es das Fallen der Objekte, das dieses «Unten» hervorbringt – also genau umgekehrt. «Unten» wird durch lokale Gegebenheiten definiert, es ist eine Resultante, ein Effekt, eine Folge des lokalen Gravitationsfelds. Unten, das ist einfach «da, wo etwas hinfällt».

Zeit kann man auf ähnliche Weise sehen. «Vor» oder «nach» sind Begriffe, die auf fundamentaler Ebene keine Bedeutung haben. Für ein Proton gibt es weder ein «Vor» noch ein «Nach», alle mikroskopischen Gleichungen kommen ohne die Variable Zeit aus. Aber wenn man beispielsweise von einem Molekül spricht, das sich in einer Flüssigkeit befindet, die sich in einem Organ befindet, das sich in einem Papagei befindet, so sind diese Organisationsebenen den Gesetzen der Thermodynamik und statistischen Zuständen unterworfen, die Entropie produzieren. Und infolgedessen auch der Zeit.

Zeit, das ist einfach «da, wo etwas Entropie erzeugt». Die Richtung, in die die Entropie unserer Beobachtung nach zunimmt, bezeichnen wir als Zeit. Und die Entropie erzeugt die Zeit, so wie das Fallen das «Unten» erzeugt.

Unten, das ist «da, wo etwas hinfällt». Zeit, das ist «da, wo sich etwas abkühlt».

Ich hatte zehn Jahre in den Vereinigten Staaten gelebt, und ich begann, der Sache überdrüssig zu werden. Ich wäre sehr gerne nach Europa zurückgekehrt, wusste aber nicht, wie ich dort eine Stellung finden konnte. Meine Zusammenarbeit mit Alain sollte sich als Wink des Schicksals erweisen. Die Welt der Wissenschaft funktioniert ein wenig wie der Hof des Sonnenkönigs Ludwig XIV.: Es reicht, mit dem König zu verkehren, damit sich die Türen öffnen. Alain ist ein etwas anarchistischer König, aber zweifellos ein König. Einige Monate nach dem Erscheinen unseres Artikels erhielt ich einen Anruf des Centre de Physique Théoretique de Luminy in Marseille, in dem man mir vorschlug, dort zu arbeiten. Ohne zu zögern, sagte ich zu.

Rückkehr nach Europa

Amerika zu verlassen, hatte seinen Preis. Vor allem vermisste ich das tägliche Zusammensein mit meinen Kollegen in Pittsburgh, besonders mit Ted Newman, einem hervorragenden Wissenschaftler (er war es beispielsweise, der die allgemeinste Beschreibung Schwarzer Löcher entwickelt hat), aber vor allem einem höchst anständigen Charakter, der sich in andere einfühlen und in jeder Situation lächeln kann. Wenn ich mich über das Verhalten des einen oder anderen geärgert hatte, kam Ted in mein Büro, ließ sich auf einen Stuhl fallen (er hat das Äußere und das Verhalten eines großen Bären) und lächelte mich so freundlich und ironisch an, dass sich mein ganzer Zorn verflüchtigte. Er war für mich Vorbild, Freund und Bezugspunkt.

Außerdem hieß es, das mir so wichtige Center for the History and Philosophy of Science zurückzulassen. Und darüber hinaus bedeutete es auch, die Einfachheit und Direktheit der Amerikaner hinter sich zu lassen, ihr Vertrauen in den Menschen, ihre Bereitschaft zu handeln. Dieses Lebensgefühl ist so ganz anders als in Europa, wo alles in zähen Sirup getaucht erscheint und wo Fallstricke und Hindernisse alles so langsam und kompliziert machen. Für einen Europäer gibt es in den Vereinigten Staaten viel zu lernen, und man kann dort Experimente wagen, die in Europa schwer zu verwirklichen wären. Vielversprechenden jungen Leuten baut Amerika goldene Brücken, während Europa ihnen rät, geduldig zu warten, bis ihre Zeit kommt. Ohne die Perspektiven, die mir in den USA geboten wurden, wäre es mir wohl kaum gelungen, auf Dauer wissenschaftlich aktiv zu bleiben.

Das heißt jedoch nicht, dass es für einen Europäer nicht schwierig ist, in den Vereinigten Staaten zu leben. Die menschlichen Beziehungen sind anders. Die Werte sind anders. Zu viele Aspekte der amerikanischen Kultur sind unerträglich: die extreme Gewalt in den Städten, die Spannungen zwischen Schwarzen und Weißen, die Todesstrafe, das Fehlen von Kranken- und Sozialversicherung für alle, die Vernachlässigung der Ärmsten und Schwächsten sowie die Arroganz des Geldes und der Macht.

Selbst die Idee der sozialen Gerechtigkeit ist fast das Gegenteil von dem, was wir in Europa kennen. In den Vereinigten Staaten bedeutet soziale Gerechtigkeit, dass jeder, *wenn er die nötigen Fähigkeiten besitzt,* unabhängig von seiner Herkunft den Gipfel erklimmen kann. In Europa geht es hingegen darum, die Schwachen zu schützen, vor allem diejenigen, die *keine besonderen Fähigkeiten* besitzen.

Und dann ist da auch noch die unerträgliche Außenpolitik der Vereinigten Staaten. Die Ideologie von Freiheit und Demokratie dient als Deckmantel für einen aggressiven Imperialismus und ein scheinheiliges amerikanisches Überlegenheitsgefühl. Vielleicht ist es ein typisches Merkmal für Europa, dass es den Spaß an Eroberungen verloren hat, sei es, dass wir unsere vergangenen Verbrechen nicht wiederholen wollen, oder vielleicht auch einfach, weil wir heute zu schwach sind. Aber die fortwährende Gewalt der amerikanischen Außenpolitik stößt uns ab. Ich habe eine App auf meinem iPhone, die mir jedes Mal eine Mitteilung schickt, wenn irgendwo auf der Welt ein Mensch von einer amerikanischen Drohne getötet wird. Ich erhalte dauernd Meldungen.

Die Mehrheit der Europäer, die in die Vereinigten Staaten emigrieren, verspürt nach einer Phase des Enthusiasmus ein Gefühl der Nostalgie für die heute sanftere und mitfühlendere Seele Europas.

Dazu kam, dass sich Amerika zum Zeitpunkt meinea Abschieds zu verändern begann. Man merkte, wie sich eine Atmosphäre der Furcht, des Pessimismus und des Fanatismus ausbreitete, die das Leben in den Vereinigten Staaten in der Bush-Ära prägte. Es war Zeit zurückzukehren.

Schon bei meinem ersten Besuch in Marseille begeisterte mich das Licht, die Sonne, das kristallklare grüne Meer, der mediterrane Charme dieser aus der Griechenzeit stammenden, aber zeitlosen Stadt, die außerordentliche Mischung der Bevölkerung dieser alten französischen Cité, und ich habe mich sofort in sie verliebt.

Das Centre de Physique Théoretique de Luminy der Université de la Mediterranée, an dem ich heute arbeite, liegt etwas außerhalb der Stadt nahe am Meer, in einer rauen und großartigen Landschaft. Es ist ein idealer Ort, um zu forschen. Meine Wohnung liegt ganz in der Nähe des Meeres. Ich habe ein kleines Fischerboot aus Holz repariert, «Pointu» genannt und schon hundert Jahre alt, und sein altes Lateinersegel restauriert.

Und wenn ich nicht arbeite, segele ich an den wilden weißen Felsen vorbei, wo die Möwen fliegen.

Abbildung 9. Auf meinem Boot.

7
SCHLEIFEN, STRINGS UND ALLES ANDERE

Die Schleifentheorie heute

Inzwischen arbeite ich seit fast 15 Jahren in Frankreich, und ich bin dem Land sehr dankbar für die Möglichkeit, hier meine Forschungen weiterzuführen. Die Gemeinschaft der Wissenschaftler, die an der Schleifentheorie forschen, ist in diesem Jahrzehnt deutlich gewachsen. Allein in Frankreich gibt es inzwischen Gruppen in Marseille, Paris, Lyon, Tours und Grenoble. Im Jahr 2004 gelang es Marc Knecht – dem Direktor meines Forschungslabors, des CPT in Marseille – mich gegen meinen anfangs starken Widerstand zu überzeugen, eine Konferenz zu organisieren, die ausschließlich der Schleifentheorie gewidmet war. Ich organisierte sie gemeinsam mit zwei französischen Kollegen, Laurent Freidel aus Lyon und Philippe Roche aus Montpellier, der sich eine Weile mit der Schleifentheorie beschäftigt hat. Die Konferenz war ein Erfolg, der meine Erwartungen überstieg, und der Auftakt für eine Reihe von Konferenzen in mehreren europäischen Ländern, aber auch in Mexiko, in China und in Kanada, bei denen viele hundert, meist noch sehr junge Wissenschaftler zusammenkamen.

Dank all dieser Bemühungen ist die Theorie weiter gewachsen, und sie ist sowohl klarer als auch solider und einfacher geworden. Die älteste Version der Theorie, die heute vor allem in Deutschland untersucht wird, basiert auf der strikten Trennung zwischen den räumlichen und den zeitlichen Aspekten der Raumzeit. Die aktuellste, die hauptsächlich in Frankreich, Kanada und Großbritannien entwickelt wurde, ist vor allem eine «kovariante» Version, in der die räumlichen und zeitlichen Aspekte in einer stärker vereinheitlichten Weise behandelt werden. Der Unterschied ist derselbe wie zwischen den beiden Standardformulierungen der Quantenmechanik: auf der einen Seite die Hamilton'sche Formulierung, die auf der Schrödinger-Gleichung basiert, auf der anderen Seite die kovariante Version, die von Richard Feynman in den 1950er Jahren entwickelt wurde. Im Augenblick arbeite ich an der kovarianten Version der Theorie «à la Feynman».

In dieser Version muss man, um die physikalischen

Effekte zu berechnen, die «Übergangswahrscheinlichkeit» berechnen, das heißt die Wahrscheinlichkeit, etwas zu beobachten, wenn bereits etwas anderes beobachtet wurde. Dem Feynman'schen Rezept folgend, berechnet sich diese Übergangswahrscheinlichkeit, indem man die Summe über sämtliche möglichen «Geschichten» bildet. In der Quantengravitation sind die «Geschichten», die es zu addieren gilt, die verschiedenen Konfigurationen des Gravitationsfelds, das heißt die verschiedenen Konfigurationen der Raumzeit.

Kann man von der Raumzeit sprechen, wenn die Zeit nicht existiert? Ja, das ist durchaus möglich, wenn man «à la Feynman» rechnet. Die Nichtexistenz der Zeit in den Grundgleichungen der Theorie hindert uns nicht daran, präzise Voraussagen zu machen. Anstatt beispielsweise genau vorherzusagen, wo sich ein Objekt «nach fünf Sekunden Fall» genau befindet, können wir vorhersagen, wo es sich «nach fünf Schwingungen des Pendels» befindet, was in der Praxis – unter unseren Alltagsbedingungen – auf dasselbe hinausläuft, doch wir vermeiden die Vermischung zwischen einem referentiellen Phänomen und einer absoluten Zeit und befreien uns von allen Einschränkungen hinsichtlich der möglichen Formen der Raumzeit.

Genauso, wie man weiterhin mit dem Begriff

«Raum» die Spin-Netzwerke beschreiben kann, auch wenn es sich um etwas handelt, das von unserer alten Raumvorstellung weit entfernt ist, können wir auch weiterhin von «Raumzeit» sprechen, um deutlich zu machen, wie die Spin-Netzwerke ineinander übergehen, das heißt, um die «zeitliche Entwicklung» der Spin-Netzwerke zu beschreiben.

In der Quantenmechanik macht man nur Wahrscheinlichkeitsaussagen. Wenn wir ein Teilchen am Punkt A gesehen haben, können wir die Wahrscheinlichkeit berechnen, es an Punkt B anzutreffen. Eine effiziente, von Feynman entwickelte Berechnungsmethode besteht darin, sich vorzustellen, dass *alle* möglichen Bahnen von A nach B in die Endwahrscheinlichkeit eingehen. Das ist ein wenig so, als hätte das Teilchen alle diese Bahnen auf einmal durchlaufen. Und dies heißt nichts anderes, als dass sich das Teilchen in einer Wahrscheinlichkeitswolke delokalisiert.

Dieselbe Idee lässt sich verwenden, um die Dynamik des quantengravitativen Feldes zu berechnen. Wie groß ist die Wahrscheinlichkeit, ein Spin-Netzwerk B zu sehen, wenn wir ein Spin-Netzwerk A sehen? Sämtliche möglichen zeitlichen Entwicklungen von A nach B gehen in die Endwahrscheinlichkeit ein. Jede dieser zeitlichen Entwicklungen lässt sich als ein Stück

Raumzeit interpretieren. Das ist ein wenig so, als ob unendlich viele unterschiedliche Raumzeiten gleichzeitig präsent wären.

Jede «zeitliche Entwicklung von Spin-Netzwerken» wird als *spin foam* oder Spin-Schaum bezeichnet. Das hat folgenden Grund: Stellen Sie sich zum Beispiel Seifen- oder Bierschaum vor, den man einfriert und mit einem Messer in sehr dünne Scheiben schneidet. Wenn Sie einen Augenblick nachdenken, werden Sie erkennen, dass ein Schnitt durch den Schaum tatsächlich ein Netz ergibt: Der Schnitt durch eine jede Schaumfläche ergibt eine Verbindungslinie, und der Schnitt durch die Berührungsflächen ergibt einen Knoten des Netzwerks. Wenn man den Schaum in sehr dünne Scheiben schneidet, erhält man eine Folge von Netzen. Mit anderen Worten kann man diesen Schaum als eine Aufeinanderfolge oder auch als eine zeitliche Entwicklung von Netzen ansehen. Die von der «zeitlichen Entwicklung von Spin-Netzwerken» gebildeten Raumzeiten sind daher Spin-Schäume.

Die Beschreibung der Schleifentheorie mit Hilfe dieser Spin-Schäume ist heute eine der aktivsten Forschungsrichtungen, die vor allem von brillanten jungen Wissenschaftlern vorangetrieben wird, die in Frankreich arbeiten, wie Etera Livine in Lyon, Alejandro Perez, Simone Speziale und Eugenio Bianchi in Marseille und Karim Noui in Tours, sowie von Laurent Freidel, der zu einem der Hauptarchitekten der Theorie geworden ist.

Jeder Spin-Schaum stellt eine mögliche zeitliche Entwicklung eines Zustands A in einen Zustand B dar, und es existiert eine ganze Abfolge unterschiedlicher Schäume, die den Übergang von A nach B «erzählen» können. Man muss all diese verschiedenen zeitlichen Entwicklungen, diese «Geschichten», berücksichtigen und über sie summieren, um die tatsächliche Wahrscheinlichkeit für den Übergang von einem Zustand zum anderen zu berechnen. In den letzten Jahren ist ein sehr einfacher Ausdruck für die «Amplitude» eines Spin-Schaums gefunden worden, das heißt für seinen Beitrag zur Wahrscheinlichkeit des Übergangs insgesamt. Dies gelang unabhängig voneinander Forschungsgruppen in Frankreich und in Kanada, während ein englisches Team in Nottingham gezeigt hat, dass die so definierten Amplituden mit der Allgemeinen Relativitätstheorie von Einstein in Einklang stehen.

Erst kürzlich wurde ein weiteres Hindernis überwunden, denn dank eines von Muxin Han, Winston Fairbairn und Catherine Meusburger gefundenen Theorems gelang der mathematische Beweis, dass diese Amplituden endlich sind. Das ist ein sehr wichtiges Ergebnis, denn man weiß, dass das Auftreten von unendlichen Größen bei der Formulierung der Quantengravitation anfangs enorme Schwierigkeiten bereitet hat.

Dank dieser Entwicklungen ist die Theorie nicht mehr weit von einer Komplettierung entfernt, und ich kann meine Begeisterung bei der Vorstellung, dass es bald eine vollständige Formulierung einer Theorie der Quantengravitation geben könnte, nur schwer im Zaum halten. Das vorausgeschickt, weiß ich nicht, ob die Theorie wirklich vollständig ist, und vor allem weiß ich nicht, ob sie richtig ist, das heißt, ob sie wirklich die Natur beschreibt.

Strings und alles andere

Neben der Schleifentheorie existiert wenigstens noch eine andere weit entwickelte Theorie der Quantengravitation: die *Stringtheorie*. Diese nimmt an, dass die Elementarteilchen nicht punktförmig sind, sondern kleine Fäden, sogenannte *strings*. Auch wenn es so aussehen könnte, als ob *Fäden* und Schleifen einander sehr ähnlich sind, ist der Unterschied groß: Die Fäden sind kleine Abschnitte, die sich *im* Raum bewegen und Materieteilchen darstellen, während die Schleifen selbst den Raum (das heißt das Gravitationsfeld) *bilden*.

Die Stringtheorie ist viel ambitionierter als die Schleifentheorie: Sie sucht nicht nur eine mögliche Lösung für das Problem der Quantengravitation, sondern versucht darüber hinaus, sämtliche Kräfte und sämtliche Teilchen der Physik zu vereinigen. Sie möchte nicht nur Quantenmechanik und Allgemeine Relativitätstheorie miteinander versöhnen, sondern gleichzeitig alle fundamentalen Wechselwirkungen der Physik vereinigen. Sie will also die endgültige «Theorie von allem» finden. Ich persönlich habe das Gefühl, dass dieses Ziel maßlos ist oder zumindest verfrüht.

String- und Schleifentheorie unterscheiden sich nicht nur deshalb in der Art und Weise, wie sie sich dem Problem der Quantengravitation nähern, weil sie unterschiedliche physikalische Hypothesen untersuchen, sondern auch, weil sie das Produkt zweier wissenschaftlicher Schulen sind, die von unterschiedlichen Voraussetzungen ausgehen und das Problem der Quantengravitation aus einem jeweils anderen Blickwinkel sehen.

Unter den Stringtheoretikern finden sich viele

Hochenergiephysiker; sie sind mit der Quantenfeldtheorie (das heißt mit der Anwendung der Quantenmechanik auf Felder) und mit dem «Standardmodell» der Teilchen vertraut, also der aktuellen Theorie, die alle Ereignisse der physikalischen Welt bestens beschreibt, mit Ausnahme gravitativer Phänomene. Aus der Sicht eines Hochenergiephysikers ist die Gravitation nichts anderes als die letzte und schwächste der bekannten Wechselwirkungen. Es ist daher ganz natürlich, dass er versucht, ihre Quanteneigenschaften mit Hilfe einer Strategie zu verstehen, die sich in der übrigen Mikrophysik als so erfolgreich erwiesen hat. An einer konventionellen Quantenfeldtheorie, die in der Lage ist, die Gravitation einzubeziehen, wird seit vielen Jahrzehnten gearbeitet, und nach zahlreichen Rückschlägen, Momenten des Enthusiasmus und wichtigen Entdeckungen hat dies zur Stringtheorie geführt. Die Grundlagen der Stringtheorie sind bisher noch nicht gut verstanden, aber sie ist gegenwärtig ein Kandidat für die Quantengravitation, an dem intensiv gearbeitet wird, auch wenn sie heute deutlich weniger Begeisterung auslöst als noch vor zwanzig Jahren, denn seit dieser Zeit hat es wenig bedeutende Fortschritte gegeben.

Um zu funktionieren, braucht die Stringtheorie

einen Raum mit zehn Dimensionen wie auch supersymmetrische Teilchen, dazu noch sehr starke Hypothesen, und sie ist bis heute ohne auch nur den Hauch eines experimentellen Beweises geblieben. Man kann sich nur schwer vorstellen, wie sich eine Theorie mit zehn Dimensionen und unbekannten supersymmetrischen Teilchen konkret anwenden lässt, um eindeutige, nachvollziehbare und anwendbare Vorhersagen über die Welt zu machen, in der wir leben, einer Welt, in der es keine Supersymmetrie und nur drei Raumdimensionen gibt. Im Lauf der Jahre haben die Stringtheoretiker immer wieder gehofft, die supersymmetrischen Teilchen stünden kurz vor ihrer Entdeckung. Als der Große Hadronen-Speicherring (LHC) in Genf endlich funktionierte, waren viele von ihnen überzeugt, dass der Teilchenbeschleuniger als Erstes diese supersymmetrischen Teilchen entdecken würde. Aber die Teilchen erschienen nicht zum Rendezvous. Der große Medienhype nach der Entdeckung des Higgs-Bosons erlaubte es, die bittere Enttäuschung zu kaschieren, die Supersymmetrie nicht gefunden zu haben.

Die zweite Schule, die der Schleifentheoretiker, besteht zum größten Teil aus Experten der Allgemeinen Relativitätstheorie. Für einen «Relativisten» fühlt sich die Idee, Gravitation als physikalische Anregungen in einem entsprechenden Raum zu beschreiben, «falsch» an. Die wichtigste Lehre, die wir der Allgemeinen Relativitätstheorie verdanken, ist, dass es *keinen* Raum gibt, *in dem* die Physik ablaufen könnte (außer natürlich in einem approximativen makroskopischen Ansatz). Die Welt ist komplexer. Für einen Relativisten ist die Allgemeine Relativitätstheorie weitaus mehr als eine bloße Feldtheorie für eine bestimmte Kraft, die Gravitation. Sie impliziert, dass bestimmte klassische Begriffe, die Zeit und Raum betreffen, auf fundamentaler Ebene völlig ungeeignet sind und Veränderungen verlangen, die genauso grundlegend sind wie diejenigen, die die Quantenmechanik eingeführt hat. Einer dieser hinfälligen Begriffe ist genau der eines passenden Raums, in dem die Physik stattfinden soll. Damit kann man keine relativistische Gravitation und keine Schwarzen Löcher, keine relativistische Astrophysik und keine moderne Kosmologie ergründen.

Daher verlangt das Problem der Quantengravitation von einem Relativisten, dass die große konzeptuelle Revolution, die mit der Quantenmechanik und der Allgemeinen Relativitätstheorie begann, ihre Lösung in einer neuen Synthese findet. Darin müssen die Vorstellungen von Raum und Zeit völlig umgestaltet werden, um das zu berücksichtigen, was wir aus unseren beiden «fundamentalen» aktuellen Theorien gelernt haben.

Im Gegensatz zur Stringtheorie ist die Schleifentheorie von Anfang an ohne Bezug auf einen Raum formuliert worden. Sie versucht wirklich, die Natur der gequantelten Raumzeit auf fundamentaler Ebene zu begreifen. Infolgedessen ist die Vorstellung von der Raumzeit, die aus der Theorie erwächst, völlig anders als diejenige, auf der konventionelle Quantenmechanik oder Stringtheorie beruhen. In den Gleichungen der Schleifenquantengravitation taucht nirgendwo die Variable t (für Zeit) auf, ebenso wenig die Variable x (für Ort), und dennoch sind diese Gleichungen durchaus in der Lage, die zeitliche Entwicklung eines Systems vorherzusagen. Zudem braucht sie weder zusätzliche Dimensionen noch exotische Teilchen.

Wenn die Stringtheorie noch immer intensiver erforscht wird und besser bekannt ist als die Schleifentheorie, so hat das vor allem historische Gründe. Diese Situation spiegelt die Physik des 20. Jahrhunderts wider, in dem die Allgemeine Relativitätstheorie eine Randstellung einnahm. Da diese Theorie sehr kompliziert ist und zu jener Zeit keine praktische Anwendung fand, beschränkte sich die Beschäftigung damit auf eine begrenzte, sehr angesehene Gruppe von Physikern, deren Arbeiten jedoch nur in einem kleinen Kreis diskutiert wurden. Im Gegenzug erlebte die Quantenmechanik dank der großen Zahl ihrer praktischen Anwendungen (Laser, Festkörperphysik, Teilchen, Kernphysik, Atombombe …) einen enormen Aufschwung. Als das Problem der Quantengravitation dringend gelöst werden musste, gab es daher zu der Frage zwei unterschiedliche Standpunkte: denjenigen einer kleinen Gemeinschaft, die sich auf die Allgemeine Relativitätstheorie stützte, und denjenigen einer großen Gemeinschaft, die auf die Quantentheorie der Felder setzte. Diese kulturelle Kluft existiert noch immer. Bei Diskussionen findet man stets die Stringtheoretiker, die erklären: «Ihr versteht die Quantentheorie der Felder nicht!», und die Schleifentheoretiker, die prompt zurückgeben: «Und ihr, ihr versteht die Allgemeine Relativitätstheorie nicht!» Vielleicht ist an beiden Vorwürfen etwas Wahres…

Außerhalb der Strings und der Schleifen gibt es auch noch andere Ideen und Entwicklungen. Vor allem Alain Connes hat eine andere mathematische Beschreibung des physikalischen Raums entwickelt, die «nicht kommutative Geometrie», die stark von der

Struktur der Kräfte motiviert ist, welche auf die Elementarteilchen wirken (das Standardmodell). Connes wendet dabei eine ähnliche Übertragung wie Einstein an, der sich bei der Entdeckung der Speziellen Relativitätstheorie von der Maxwell'schen Theorie der elektromagnetischen Kraft beeinflussen ließ. Ich habe Alains Ideen studiert, sogar selbst ein paar marginale Artikel beigesteuert, und es würde mich überhaupt nicht wundern, wenn die nicht kommutative Geometrie in der einen oder anderen Weise zu der Synthese beitragen würde, die wir suchen.

Andere, sehr interessante Ideen zur Quantengravitation stammen von Roger Penrose, dem Erfinder der Spin-Netzwerke. Sein Sachbuch (*The Road to Reality: A Complete Guide to the Laws of the Universe*), das nicht ganz leicht zu lesen ist, vermittelt ein umfassendes und tiefgreifendes Bild all dessen, was wir über die Welt wissen.

Die Beziehungen zwischen der Welt der Strings und derjenigen der Schleifen waren mitunter stürmisch, und nicht selten flogen Anschuldigungen hin und her («Sie verstehen überhaupt nichts!», «Ihre Berechnungen sind völlig falsch!», «Ihre Arbeiten sind voller Fehler!»), auch (oder vor allem) in den wissenschaftlichen Komitees, die über Finanzmittel und Posten für junge

Forscher zu entscheiden haben. Aber auf einem Gebiet, das an vorderster Front der Forschung steht, ist eine solche Verwirrung unausweichlich, und so kann es passieren, dass sich zwischen Wissenschaftlern, die sich seit Jahren ihrer Leidenschaft widmen und dabei einem bestimmten Weg folgen, Kontroversen entwickeln, die ans Irrationale heranreichen. Polemik ist ein notwendiger Bestandteil von Fruchtbarkeit und Fortschritt des wissenschaftlichen Erkenntnisprozesses.

Etablierte und hypothetische Theorien

Übrigens ist es sehr wichtig, sich daran zu erinnern, dass all diese Theorien spekulativ sind und sich als völlig falsch herausstellen können. Damit will ich nicht nur sagen, dass sie in der Zukunft von einer besseren Theorie ersetzt werden können, wie es bei den Theorien der Vergangenheit der Fall war, sondern dass all ihre ursprünglichen Vorhersagen experimentell widerlegt werden könnten. Dazwischen liegt die ganze Spannbreite zwischen Näherung und Irrtum – und wir wissen noch nicht, wo wir uns in diesem Spektrum befinden.

Die Natur muss sich nicht nach unseren ästhetischen Urteilen richten. Die Geschichte der theoretischen Physik ist voller begeisterter Zustimmung für «sehr schöne» Theorien, die sich letztlich als Fehlschlag erwiesen. Der einzige Schiedsrichter ist die Erfahrung (Empirie), und momentan gibt es noch nicht genug experimentelle Resultate, die – selbst indirekt – die eine oder die andere konkurrierende Theorie stützen, sodass diese den Platz des Standardmodells und der Allgemeinen Relativitätstheorie einnehmen könnte. Ganz im Gegenteil sind alle Vorhersagen, die bisher von anderen Theorie-Kandidaten gemacht wurden (Protonenzerfall, Teilchen-Supersymmetrie, exotische Teilchen, Korrektur der Schwerkraft bei sehr kleinen Entfernungen ...) experimentell *nicht bestätigt* worden. Wenn man diese Fehlschläge mit dem immensen experimentellen Erfolg der Quantenmechanik, des Standardmodells und der Allgemeinen Relativitätstheorie vergleicht, mahnt dies zur Vorsicht.

Zu den schwierigsten Aspekten der Forschungsarbeit gehört es, hin und her zu pendeln zwischen der Aufregung, eine neue Theorie zur Erklärung der Welt zu formulieren, und dem Risiko, sein ganzes Leben an eine falsche Theorie zu vergeuden. Schlimmer noch ist es, wenn man die Bühne verlassen muss, ohne herausgefunden zu haben, ob die Theorie richtig oder falsch ist.

Meines Erachtens muss man eine klare Grenze zwischen dem ziehen, was wir wissen, und dem, was wir vermuten. Das, was wir heute über die materielle Welt wissen, basiert auf einer Handvoll grundlegender Theorien, die etabliert sind und in ihrem Bereich perfekt funktionieren. Der – manchmal etwas verschwommene – Unterschied zwischen etablierten und spekulativen Theorien ist in steter Entwicklung begriffen, bleibt deswegen aber nicht weniger wesentlich. Eine Theorie gilt erst dann als etabliert, wenn ihre Vorhersagen wiederholt experimentell bestätigt worden sind.

Die Quantenmechanik (mit der Quantenfeldtheorie, also deren Anwendung auf physikalische Felder), das Standardmodell der Elementarteilchen und Einsteins Allgemeine Relativitätstheorie sind heutzutage bestätigte Theorien. Wir können diese Liste um ältere Theorien erweitern, wie die klassische Mechanik oder den Elektromagnetismus, die in die zuvor Genannten integriert wurden. Diese Theorien haben ihren Nutzen bewiesen, sie bilden das Fundament der zeitgenössischen Technik. Auf ihre Vorhersagen (in ihrem Geltungsbereich) kann man vertrauensvoll sein Geld oder gar sein Leben setzen.

Alles, was darüber hinausgeht – die Quantengravitation, die Stringtheorie, die nicht kommutative Geometrie, die Modelle zur Vereinigung der Grundkräfte, die Supersymmetrie, Universen mit zusätzlichen Dimensionen, Multiversen etc. (mitgerechnet fast alles, woran ich forsche) –, ist und bleibt Spekulation. Nichts stellt sicher, dass diese Hypothesen unsere Welt korrekt beschreiben: Es gibt keine experimentelle Bestätigung, keine konkrete Nutzung, und nur ein Narr würde riskieren, etwas auf die Gültigkeit ihrer Vorhersagen zu wetten.

Das heißt keineswegs, dass diese Theorien nicht interessant sind: Die heute etablierten Theorien waren früher spekulativ und unbestätigt. Dennoch wissen wir nicht, ob die Theorien, an denen wir heute arbeiten, die richtigen sind: Mehr als einmal ist es passiert, dass sich eine Theorie, die voller Begeisterung und Engagement von einer großen Anzahl Wissenschaftler aufgegriffen und bearbeitet wurde, beim Faktencheck als falsche Fährte herausstellte.

Jeder Forscher hat seine eigenen Ideen und Überzeugungen – das gilt auch für mich –, und jeder muss seine Hypothesen energisch und leidenschaftlich verteidigen: Die lebhafte Diskussion ist die beste Art und Weise, nach Erkenntnis zu suchen. Aber die Verteidigung unseres Standpunkts darf uns nicht blind machen: Wir könnten unrecht haben. Es ist das Experiment, und nicht die Zahl der Anhänger oder die Dialektik, die zählt.

Mehr durch Versäumnis denn mit Absicht stellen Wissenschaftler ihre Ergebnisse in der Öffentlichkeit oft in fehlerhafter Weise dar. Fasziniert von ihren Ideen, unterscheiden sie beim Erklären nicht zwischen einer etablierten und einer spekulativen Theorie. Oft präsentieren sie ihre Hypothesen so, als handele es sich um feststehende Tatsachen. Das ist unredlich gegenüber der Gesellschaft, die unsere Forschung bezahlt. Mangelnde Klarheit über den hypothetischen Charakter von vorgestellten Theorien diskreditiert die Naturwissenschaften. Beispielsweise wird die Stringtheorie häufig so dargestellt, als sei sie bereits bestätigt. Meines Erachtens fügt es den Naturwissenschaften großen Schaden zu, wenn Populisten Theorien so präsentieren, als seien sie etabliert, obwohl sie sich doch erst im Hypothesenstadium befinden. Die Öffentlichkeit muss sich auf die Integrität von Wissenschaftlern verlassen können, und diese müssen prüfen, ob sie tatsächlich behaupten können, sie hätten ein Phänomen «verstanden» und könnten es «erklären».

Ich betone diesen Punkt auch, weil ich das Gefühl

habe, dass die Konfusion zwischen etablierten und spekulativen Theorien bis in die Mitte der wissenschaftlichen Gemeinschaft reicht. Derart mangelnde Unterscheidung wirkt sich besonders dann negativ aus, wenn es um die Ausbildung junger Forscher geht.

Vor nicht allzu langer Zeit traf ich auf einer internationalen Konferenz einen jungen, fachlich brillanten Kollegen, mit dem ich über zwei Theorien sprach: die Allgemeine Relativitätstheorie und eine gewisse supersymmetrische Yang-Mills-Theorie mit $N = 4$. Als ich erwähnte, dass eine der beiden Theorien experimentell verifiziert sei, die andere hingegen nicht, fragte er mich ganz arglos: «Welche?» Ihm war der grundsätzliche Unterschied zwischen der Allgemeinen Relativitätstheorie, die zahlreiche neue, später allesamt experimentell bestätigte Vorhersagen gemacht hat, und einer Theorie, die keinerlei Vorhersage gemacht hat, nicht klar. Solche Verwirrung stellt für die Grundlagenphysik ein großes Ärgernis dar.

Klarheit über die spekulative Natur der Schleifentheorie, der Stringtheorie oder aller anderen Theorien «jenseits der Standardtheorie» ist für eine gesunde Forschung und eine offene Kommunikation mit der Öffentlichkeit essenziell, denn es ist die Gesellschaft, die diese Forschung finanziert.

Es ist wohlbekannt, dass Finanzierungsprogramme für Naturwissenschaften heute mehr und mehr an Projekte vergeben werden, die der industriellen Entwicklung dienen und technologische Anwendung finden können. Die Unterstützung für die reine Forschung befindet sich im freien Fall. Das ist offenkundig eine sehr kurzsichtige Politik. Wenn sich die politisch Verantwortlichen in Alexandria oder die Medici in Florenz auf die angewandte Forschung konzentriert hätten, hätten sie Euklids und Galileis Arbeiten als unnütz abgetan, und wir wären heute eine ignorante und arme Gesellschaft.

Auf alle Fortschritte beim grundlegenden Verständnis der Welt folgten wichtige technologische Entwicklungen. Die Beispiele sind Legion: Die Basis der modernen Ingenieurswissenschaften findet sich in Newtons Berechnungen der Mondumlaufbahn, die große Revolution in der Landwirtschaft ist im Wesentlichen die Folge einer wertfreien Neugier, wie sich Eigenschaften vererben, das Radio und das Fernsehen sind auf unerwartete Weise aus den Arbeiten Maxwells über die Natur des Lichts entstanden; die Computertechnologie gäbe es nicht ohne die Erforschung eines wirtschaftlich uninteressanten Objekts im 20. Jahrhundert, des Atoms; das satellitengesteuerte Navigationssystem (GPS) würde nicht funktionieren, wenn sich Einstein nicht Gedanken über das Wesen der Zeit gemacht hätte. Jeder technologische Sektor unserer modernen Gesellschaft ist das Ergebnis von Grundlagenforschung, angetrieben durch Neugier. Und Grundlagenforschung kann sich nur entwickeln, wenn weitsichtige Verantwortliche in der Gesellschaft ihre Bedeutung verstehen.

Auch ohne auf den langfristigen Nutzen zu verweisen, muss Europa die Grundlagenforschung unterstützen, wenn es wieder zu einem der intellektuellen Zentren der Welt werden will. Es hat aus der arabischen Zivilisation die Idee der Universität übernommen und sie in großartiger Weise zu Orten weiterentwickelt, an denen Forschungsfreiheit herrscht und das erworbene Wissen von Generation zu Generation weitergegeben wird. Die europäischen Universitäten von heute sind ein schwacher Abglanz ihrer Vergangenheit, und sie werden bald eine blasse Kopie der besten amerikanischen Universitäten sein. Viele akademische Systeme in Europa belohnen eher Karrieristen, die die Regeln beherrschen, als kreative und originelle junge Forscher, die sich wenig um solche Regeln scheren.

Im sogenannten materialistischen Amerika genießen intellektuelle Brillanz und von Neugier getriebener Forschergeist hohe Wertschätzung. Immer mehr Nobelpreise gehen an amerikanische Forscher, und der kulturelle Einfluss der Vereinigten Staaten wächst ständig, was langfristig bedeutende politische Konsequenzen haben wird.

Meiner Meinung nach ist die stärkste menschliche Kraft – die Kraft, die die Zivilisation geformt, uns aus den Höhlen gelockt und uns von der Vergötterung von Pharaonen befreit hat – die *Neugier*. Wenn Europa seine lebenswichtige Neugier erhalten und schützen will, muss es in seine Universitäten als seine Kulturzentren investieren.

* * *

Um zu den Strings und den Schleifen zurückzukehren: Die Grundlagenforschung befindet sich zurzeit im Zustand eines unübersichtlichen Entstehungsprozesses. Wir haben wunderbare Ideen und weit entwickelte Theorien, aber wir wissen nicht, ob sie auch stimmen.

Vielleicht ist die Lösung großer offener Probleme, wie die Zusammenführung der Allgemeinen Relativitätstheorie mit der Quantenmechanik, bereits in unseren Theorien versteckt und muss nur noch herausgearbeitet und experimentell bestätigt werden. Vielleicht ist es aber auch so, dass wir nichts Brauchbares gefunden haben und ein junger, bisher noch unbekannter – weiblicher oder männlicher – Einstein, der nur schwer eine Forschungsstelle findet, die Lösung in den nächsten zehn Jahren entdeckt. Oder vielleicht ist es sogar Ihr Part, liebe Leserin / lieber Leser dieses Buches, die fehlende Idee zu finden?

EPILOG

Im 7. Jahrhundert v. Chr. stand die griechische Zivilisation in voller Blüte. Sie entwickelte sich lange nach anderen großen Zivilisationen in der näheren Umgebung, Ägypten und Mesopotamien, von denen sie viel übernahm. Aber sie unterschied sich auch grundlegend von beiden. Diese antiken Zivilisationen besaßen eine geordnete Struktur, sie waren stabil und hierarchisch organisiert. Die Macht war zentralisiert, und die Gesellschaft entwickelte sich im Rahmen einer stabilen Ordnung. Diese Gesellschaften waren protektionistisch und traten kaum mit Ländern jenseits ihrer Grenzen in Kontakt, es sei denn im Zusammenhang mit Konflikten und Kriegen.

Die junge griechische Welt war hingegen außerordentlich dynamisch und in ständigem Wandel begriffen. Es gab keine Zentralgewalt. Jede Stadt war unabhängig, und innerhalb einer jeden Stadt wurde die Machtvergabe ständig zwischen den Bürgern verhandelt. Die Gesetze waren weder heilig noch unwandelbar: Sie wurden ständig diskutiert, erprobt und überprüft. Entscheidungen wurden gemeinsam im Rahmen von Versammlungen getroffen. Die Autorität wurde vor allem jenen überantwortet, die die anderen in Gesprächen und Diskussionen überzeugen könnten. Es war eine offene Gesellschaft, die in der Lage war, das Wissen von Nachbarzivilisationen in sich aufzunehmen. Im Gegensatz zu den Ägyptern und Persern reisten die Griechen sehr viel.

In diesem grundlegend neuen kulturellen Klima wurde etwas völlig Eigenständiges entwickelt: Wissen, das auf logischem Denken und Kritikfähigkeit beruht. Ein dynamisches Wissen, das sich weiterentwickelt und wagt, traditionelle Ideen und auch sich selbst in Frage zu stellen. Die neue Autorität der Erkenntnis erwuchs nicht aus der Tradition oder der Macht oder der Berufung auf ewige Wahrheiten, sondern aus der Fähigkeit, die anderen von der Richtigkeit der eigenen Sichtweise zu überzeugen. Es gab kein Verbot, traditionelle Vorstellungen zu hinterfragen, sondern ganz im Gegenteil war das durchaus erwünscht; daraus speisten sich Dynamik und Kraft dieses Denkens, und es garantierte, dass es auch weiterhin zu Verbesserungen kommen würde. Es war der Anbruch eines neuen Zeitalters.

Die grundlegenden Regeln der naturwissenschaftlichen Forschung sind einfach: Jeder hat das Recht zu sprechen. Einstein war ein unbedeutender Gehilfe im Schweizer Patentamt, als er Ideen formulierte, die unsere Sicht der Wirklichkeit verändert haben. Unstimmigkeiten werden begrüßt: Sie sind der Quell der Dynamik, aus der neue Gedanken erwachsen. Doch sie werden niemals durch Gewalt, Aggression, Geld, Macht oder Tradition geregelt. Das einzige Mittel zum Sieg besteht im Argument: seine Ideen im *Dialog* zu verteidigen und die anderen *zu überzeugen*.

Sicherlich beschreibe ich hier nicht die konkrete Realität der wissenschaftlichen Forschung in ihrer ganzen menschlichen, sozialen und pekuniären Komplexität, sondern vielmehr die idealen Regeln, auf die sich die Praxis beziehen muss. Diese Regeln sind sehr alt; wir finden sie in Platons berühmtem «Siebten Brief» beschrieben, in dem der Autor (hier zitiert in der klassischen Übersetzung von Hieronymus und Friedrich Müller nach «Platon. Sämtliche Werke», Band 3, Reinbek 1998, Randnummer 344b9) mit leidenschaftlichen Worten erklärt, wie man die Wahrheit suchen solle:

«Indem nun das Einzelne, Namen, Begriffe, Anschauungen und Wahrnehmungen untereinander verglichen und in guter Absicht durch aller Missgunst entbehrende Fragen und Antworten geprüft wird, so flammt über jedes Einsicht auf und Denken, wenn man sich anstrengt, wie es nur menschlichen Kräften möglich ist.»

Man muss durch einen ehrlichen intellektuellen Prozess, durch Lernen und dadurch, dass man der Natur und anderen zuhört, um Verstehen ringen. Im Zentrum steht das klare Eingeständnis der Tatsache, dass unsere Vorstellungen falsch sein können. Seit Platon haben wir einen langen Weg zurückgelegt, doch wir befinden uns noch immer auf dem Pfad, den er uns vorgegeben hat: eine ideale Suche nach Erkenntnis durch den *Dialog*, nach Einigung im Rahmen einer rationalen Diskussion.

Die Beziehungen der Naturwissenschaften zur Demokratie, die im selben Jahrhundert in derselben Region aus der Taufe gehoben wurde, sind offensichtlich. Idealerweise ist Demokratie ein Prozess, bei dem diejenige Person, die die Entscheidungen trifft, auch in der Lage ist, ihre Idee mit *Argumenten* zu stützen und die Bevölkerung hinreichend zu *überzeugen*. Die Demokratie ist ein Ideal, das uns befiehlt, unsere Feinde nicht auszulöschen, sondern ihnen zuzuhören, mit ihnen zu diskutieren und einen gemeinsamen Nenner sowie ein gemeinsames Verständnis zu suchen. Um es mit den Voltaire zugeschriebenen Worten auszudrücken: «Ich missbillige, was Sie sagen, aber ich werde bis zum Tod Ihr Recht verteidigen, es zu sagen.» Dieser Grundsatz bildet gleichzeitig das Kernstück der Demokratie und der wissenschaftlichen Methodik.

Die Naturwissenschaften und die Demokratie wurden daher gemeinsam, an genau demselben Ort und zur selben Zeit, geboren, und sie atmen denselben Geist: den Geist einer ernsthaften Rationalität und eines intelligenten Dialogs. Dieser Geist ist eine der Säulen, auf der unsere Kultur ruht.

Ganz offensichtlich gibt es in den Naturwissenschaften wie in der Politik einen Graben zwischen dem Ideal und der alltäglichen Wirklichkeit. Aber diese Ideen sind einander analog. Die effizienteste Methode, die wir gefunden haben, um die Welt zu verstehen (die Naturwissenschaften), und die beste Art und Weise, die wir gefunden haben, den kollektiven Entscheidungsprozess zu organisieren (die Demokratie), haben vieles gemeinsam: die Toleranz, die Debatte, die Vernunft, die Akzeptanz anderer Standpunkte, das Lernen, die

Suche nach gemeinsamen Vorstellungen. In beiden Fällen besteht die zentrale Regel darin, sich bewusst zu sein, dass wir uns irren können, sich die Möglichkeit offenzuhalten, seine Meinung zu ändern, wenn uns ein Argument überzeugt, und anzuerkennen, dass auch Ansichten, die den unseren entgegenstehen, richtig sein könnten.

Jeder Fortschritt im naturwissenschaftlichen Verständnis der Welt ist gleichzeitig ein Bruch mit früherem Denken. Das wissenschaftliche Denken hat daher stets etwas Subversives, etwas Revolutionäres. Jedes Mal beschreiben wir die Welt neu, wir verändern die Struktur unserer Gedanken, den Rahmen unserer Darstellung der Welt. Sogar der Begriff *Revolution* verdankt seine aktuelle Bedeutung angeblich dem Text des Kopernikus «De revolutionibus orbium coelestium» (deutsch: Über die Umschwünge der himmlischen Kreise), wobei sich der Begriff einfach auf die Kreisbewegungen der Planeten bezog, vor allem auf die Kreisbewegung der Erde um die Sonne. Die Wirkung dieser neuen Weltsicht war dermaßen umwälzend, dass seitdem in jeder «Revolution» eine Hommage an die kopernikanische Wende inbegriffen ist.

Offen zu sein für wissenschaftliche Erkenntnis,

heißt daher auch, sich dem Subversiven und Revolutionären zu öffnen. Meine jugendliche Revolte hat in dieser stets subversiven Gedankenwelt Zuflucht gefunden.

Auf der Universität werden die Naturwissenschaften ganz im Gegenteil häufig als eine Ansammlung «feststehender» Tatsachen und «Gesetze» oder als eine Übung zur Lösung von Problemen gelehrt. Diese Art des Unterrichtens übt Verrat an dem eigentlichen Wesen naturwissenschaftlichen Denkens. Meines Erachtens müssen wir kritischen Geist lehren und nicht den Respekt vor Lehrbüchern. Wir müssen Schüler und Studenten einladen, die ihnen präsentierten Ideen in Zweifel zu ziehen und ihnen, wie auch den Lehrenden, nicht blind zu vertrauen. Auf diese Weise hilft man jungen Menschen, an die Zukunft zu glauben und daran, dass man eine lebendige und dynamische Gesellschaft formen kann, die sich weiterentwickelt.

Die Naturwissenschaften müssen als das gelehrt werden, was sie sind, nämlich ein faszinierendes menschliches Abenteuer, eine Verkettung von Zeiten großer Verwirrung, geduldiger Suche nach neuen Lösungen, schwindelerregender konzeptueller Sprünge und blitzartigen Verstehens, wenn sich die Puzzlesteine plötzlich zu einem Ganzen zusammenfügen: Die Erde bewegt sich, Erbinformation wird in der DNA gespeichert, alle Lebewesen haben einen gemeinsamen Vorfahren, die Raumzeit ist gekrümmt ... es ist eine lange Geschichte voller Magie und Schönheit. Naturwissenschaften zu unterrichten, sollte heißen, junge Menschen zweifeln und staunen zu lehren.

Zudem lässt sich die historische Entwicklung der Naturwissenschaften niemals von den Entwicklungen in der Kunst, der Literatur und der Philosophie trennen. Jeder dieser Bereiche hat zum Aufbau naturwissenschaftlicher Ideen beigetragen und ist im Gegenzug von dem Weltverständnis gespeist worden, das die Zivilisation einer jeden Epoche erfüllt. Ich würde mir ein Bildungssystem wünschen, das junge Menschen dazu anregt, das intellektuelle Abenteuer zu verstehen und zu schätzen, das zu den gotischen Kathedralen wie auch zu Newtons *Principia* geführt hat, zur Malerei der Sienesischen Schule im 14. Jahrhundert und zur Molekularbiologie, zu den Theaterstücken Shakespeares und der reinen Mathematik. Es handelt sich um dasselbe intellektuelle Erbe und ergibt nur Sinn, wenn man all dies zusammennimmt.

Es gibt ebenso viel Schönheit, Intelligenz, Menschlichkeit und Geheimnis auf einem Notenblatt von Schubert wie auf einer Seite mit Einsteins Formeln. Beide spiegeln einen Weg wider, die Wirklichkeit in ihrer ganzen Tiefe und gleichzeitig in ihrer Fragilität und Leichtigkeit zu verstehen. Ich würde mir wünschen, dass junge Menschen lernen, beides gleichermaßen wertzuschätzen, und darin Schlüssel finden, um die Welt, wie auch sich selbst, zu verstehen.

Heute sind dunkle Wolken über dem Planeten aufgezogen. Gesellschaftliche Ungleichheit und Ungerechtigkeit sind ausgeprägter als je zuvor, und die Schere öffnet sich immer weiter. Das Geschrei von politischen Verfechtern unerschütterlicher religiöser Überzeugungen, die die Menschen voneinander trennen, wird von allen Seiten immer lauter. Die Leute klammern sich an ihre lokalen Identitäten, sie misstrauen und fürchten sich gegenseitig. Die Konflikte radikalisieren sich. Gegner werden mehr und mehr als Vertreter des Bösen gesehen und von beiden Seiten diabolisiert. Verhandlungen werden immer weniger geschätzt.

Mich beunruhigt dieser Aufschwung des Irrationalen sehr und er macht mich auch sehr traurig. Die Naturwissenschaften halten uns an, unsere Unwissenheit, unsere Grenzen und die Tatsache zu erkennen, dass es beim «anderen» mehr zu lernen als zu fürchten gibt. Dass man die Wahrheit in einem Austauschprozess suchen muss und nicht in Gewissheiten oder in der so weit verbreiteten Überzeugung, dass «wir» die Besseren sind.

Von den zehn Kreuzzügen, die von Europa ausgegangen sind, waren neun Anlass für von Kreuzrittern geführte Kriege. Der sechste Kreuzzug wurde jedoch von Friedrich II., einem großen europäischen Staatsmann, durch Verhandlungen mit dem Sultan Malik al-Kamil über die Kontrolle Jerusalems gelöst – zum großen Missfallen des Papstes, des Verwahrers einer Wahrheit, die weder Kritik noch Teilen zulässt.

Trotz aller Spannungen glaube ich, dass inzwischen eine planetare Zivilisation in Entwicklung begriffen ist und Gestalt annimmt. Wie Menschen gedeihen Zivilisationen durch Mischung und stagnieren, wenn sie sich abschotten. Darum ist die heutige Globalisierung eine großartige Chance für die Menschheit, selbst wenn diese Globalisierung manchmal beunruhigend ist. Das naturwissenschaftliche Denken in all seiner dynamischen und rationalen Kraft, dieses bedeutende Erbe der antiken griechischen Zivilisation, das vom modernen Europa wiedergefunden und weiterentwickelt wurde, stellt vielleicht mehr noch als die Literatur, die schönen Künste oder die Philosophie das Herz des kulturellen Erbes dar, das Europa in die Welt trägt. Die Dynamik, die Fähigkeit, seine eigenen Fundamente in Frage zu stellen, die das wissenschaftliche Denken so mächtig und so zuverlässig gemacht hat, kann auch zu einer der Wurzeln eines künftigen europäischen Erfolgs werden.

Natürlich sind die Bereiche begrenzt, in denen sich der naturwissenschaftliche Ansatz direkt anwenden lässt. Die Naturwissenschaften spielen bei den meisten unserer drängendsten sozialen oder persönlichen Probleme eher eine Nebenrolle. Das wissenschaftliche Denken hat jedoch zur Formung unserer Gesellschaft und ihres Denkens beigetragen, und es stellt einen kulturellen Grundwert dar. Dieses Denken gehört zu den besten Methoden, die die Menschheit entwickelt hat, um Fehler zu korrigieren und Wissen zu vermehren, das *geteilt* werden kann.

Ich bin Italiener, Franzose und Europäer. Ich will gleichzeitig Europäer und Weltbürger sein. Diese Identitäten schließen sich nicht aus, sondern bereichern sich gegenseitig. Wenn Europa bedeutet, stärker zu werden und unsere Privilegien gegen andere zu verteidigen, so interessiert mich dieses Europa nicht. Wenn Europa hingegen bedeutet, die eigenen Verbrechen anzuerkennen und weltweit für Frieden und Gerechtigkeit einzutreten, für eine Welt, in der Aggression durch Dialog ersetzt wird – dann, glaube ich, könnte Europa das Herz seiner noch zögernden Bürger erobern.

In diesem Fall könnte Europa vielleicht einen Schritt tun, um unserem ältesten und größten gemeinsamen Traum näher zu kommen: eine Welt für alle, in der der Dialog den Sieg über Aggression und Gewalt davonträgt.

Vielleicht ist das nur ein Traum. Eine märchenhafte Vorstellung von einer anderen Welt, die nicht der realen Welt entspricht. Aber: Ich habe in der Wissenschaft gelernt, dass es die eine reale Welt nicht gibt. Die Welt ist niemals so, wie wir denken, sie verändert sich vor unseren Augen.

Unsere Welt ist aufgebaut auf der Rebellion früherer Generationen angesichts gesicherter Anschauungen, auf ihrem Bemühen, anders zu denken. Unsere Sicht der Welt, unsere Wirklichkeiten, stellen die Umsetzung ihrer Träume dar. Es gibt keinen Grund, sich vor der Zukunft zu fürchten: Wir können auch weiterhin rebellieren, von anderen möglichen Welten träumen und sie suchen.

Heute bin ich von jungen Menschen umgeben, die

von der Grundlagenforschung fasziniert sind, wie ich es vor mehr als 30 Jahren war, und die aus allen Ecken der Welt zu mir kommen, so wie ich damals meinerseits andere aufgesucht habe. Ich spreche mit ihnen, erkläre ihnen das, was ich weiß, und hoffe, dass unter ihnen eine oder einer ist, die/der besser ist als ich und das erreicht, was wir nicht erreichen konnten.

Wenn diese jungen Leute mich fragen, so rate ich ihnen eindringlich davon ab, eine Karriere als Forscher anzustreben, genauso, wie meine Professoren mir damals abgeraten haben. Ich erzähle ihnen von der erbitterten Konkurrenz um Stellen, von der Schwierigkeit des Themas und den enormen Risiken dieses anspruchsvollen Berufs. Ich sage ihnen, dass es gefährlich ist, nur seiner Passion zu folgen. Aber heimlich hoffe ich, dass sie die Leidenschaft und die Kraft aufbringen, alle Vorsicht in den Wind zu schlagen und ihren Träumen zu folgen.

DANKSAGUNG

Neben den im Buch erwähnten Personen möchte ich den zahlreichen Freunden danken, mit denen ich das Glück hatte zu arbeiten und die die hier beschriebenen Ideen und Resultate entwickelt haben: John Baez, Julian Barbour, John Barrett, Mauro Carfora, Louis Crane, Roberto DePietri, Giorgio Immirzi, Ted Jacobson, Gianni Landi, Jerzy Lewandowski, Renate Loll, Hugo Morales-Tecotl, Massimo Pauri, Jorge Pullin, Michael Reisenberger, Massimo Testa und Thomas Thiemann, und noch mehr denjenigen, mit denen ich heute das Glück habe zusammenzuarbeiten: Emanuele Alesci, Eugenio Bianchi, You Ding, Bianca Dittrich, Jonathan Engle, Winston Fairbairn, Muxin Han, Frank Hellmann, Thomas Krajewski, Kirill Krasnov, Elena Magliaro, Antonino Marcianò, Daniele Oriti, Roberto Pereira, Claudio Perini, Matteo Smerlak, Francesca Vidotto, Wolfgang Wieland, Ed Wilson-Ewing und Mingyi Zhang.

REGISTER